Couverture inférieure manquante

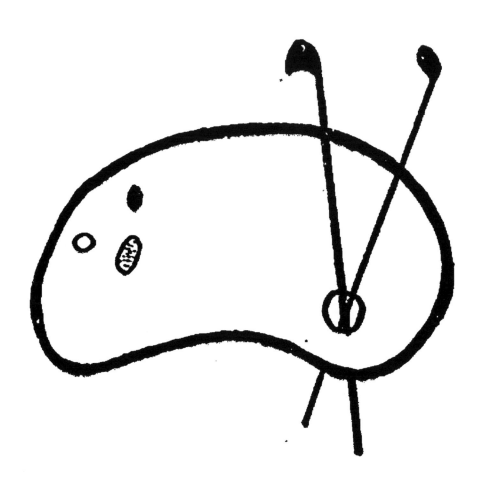

ORIGINAL EN COULEUR
KF Z 43-120-3

ÉPISODES DE L'HISTOIRE CONTEMPORAINE

(PREMIÈRE SÉRIE)

LA SOCIÉTÉ
AGRICOLE ET INDUSTRIELLE
D'ÉGYPTE

PAR

ANTOINE LUCOVICH

PARIS

TYPOGRAPHIE DE GAITTET

RUE DU JARDINET, 1

1865

ÉPISODES DE L'HISTOIRE CONTEMPORAINE

(PREMIÈRE SÉRIE)

LA SOCIÉTÉ
AGRICOLE ET INDUSTRIELLE

D'ÉGYPTE

PAR

ANTOINE LUCOVICH

———◦◦◦———

PARIS

TYPOGRAPHIE DE GAITTET

RUE DU JARDINET, 1

—

1865

LA SOCIÉTÉ

AGRICOLE ET INDUSTRIELLE

D'ÉGYPTE

***

I

Qu'on prenne cent mille lecteurs en Europe, — j'entends des mieux renseignés, — et qu'on leur demande ce que c'est que la *Société agricole et industrielle d'Égypte*; il est trop certain qu'ils feront tous la même réponse. Ils n'ont jamais entendu parler de ladite Société, dont, au surplus, ils ne se soucient guères; il a même fallu le bruit qui s'est fait dernièrement autour du nom d'Ismaïl-Pacha, pour décider l'opinion européenne à s'occuper un peu de l'Égypte et de son vice-roi.

Je n'entends point faire ici le procès à l'indifférence publique, mais d'un moment à l'autre la question égyptienne pourrait bien être mise à l'ordre du jour; des intérêts de l'ordre le plus élevé s'y rattachent. D'un autre côté, le vice-roi actuel s'est un peu adressé, dans ces derniers temps, à la bourse de tout le monde : des emprunts successifs ont engagé des capitaux considérables dans le pays.

Aussi, en publiant cette notice, n'ai-je point songé seulement aux actionnaires de la Société agricole et industrielle — quoique la chose en vaille la peine, pour peu qu'ils aient souci de leurs intérêts — ni même aux nombreux souscripteurs des emprunts du Pacha. Il m'a semblé que — en dépit du proverbe — la vérité est bonne à dire tout haut. En tout cas, les hommes spéciaux trouveront dans les pages qui vont suivre des renseignements inédits sur le pays, sur le Pacha et son entourage, sur la façon dont les affaires se traitent là-bas : ce sera comme la légende explicative de trois années d'un règne curieux à étudier, la réponse à bien des questions posées par tout le monde. On connaît déjà quelques *effets* : quand on saura les *causes*, l'opinion publique déduira la ·· ralité.

La fondation de la Société agricole et industrielle d'Égypte se rattache à des considérations générales qui nécessitent quelque développement.

On sait quelle fut autrefois la puissance de l'Égypte : les ruines de Thèbes, de Karnac, de Luxor, sont encore là pour attester les splendeurs d'une civilisation disparue. L'histoire nous apprend qu'à ces époques florissantes une population de treize millions d'habitants cultivait, sur une étendue de 4 600 000 hectares, le sol merveilleux de la Terre Promise.

De Luxor, de Thèbes, de Karnac, des cent villes de l'Égypte, il ne reste plus que des vestiges; quant aux terres cultivées, elles ne couvrent pas une superficie de plus de quatre millions de feddans (1 600 000 hect.). Pourtant le sol ne s'est pas appauvri; le fleuve mystérieux ne manque pas, chaque année, à une époque invariable, de gonfler ses eaux toutes chargées de limon fécondant.

La vallée du Nil est encore la terre promise, et si on lui donnait de l'eau en abondance, sa fertilité n'aurait pas de limites. Les chaleurs de l'été y sont tempérées comme autrefois par des brises du nord-ouest. L'indigène, docile, intelligent, laborieux, n'a point dégénéré; car le fellah de nos jours a gardé intacts, au physique et au moral, les signes typiques de l'Égyptien du temps des Rhamsès.

Pourquoi donc tant de terrains fertiles restent-ils incultes, quand de tous côtés on défriche, quand dans plusieurs contrées de l'Europe la terre ne suffit plus à nourrir les habitants, quand la science moderne a des procédés infaillibles pour faire sortir des moissons du sol le plus aride? Pourquoi la civilisation partout et la barbarie dans le plus beau pays du monde?

Je vais essayer de répondre à ces questions qu'un long séjour en Égypte m'a permis d'approfondir.

Tout d'abord, le gouvernement actuel ne saurait être responsable du décroissement de la population. La faute en est aux dominations qui ont successivement asservi l'Egypte depuis vingt siècles, et dont la plus destructive a été celle de la race princière des mamelucks. C'est là un fait accompli depuis longtemps et que les mamelucks ont payé assez cher! Mais depuis le massacre de 1806 les choses auraient pu changer, et Mehemet-Ali l'avait bien entendu ainsi. Ce rude soldat ignorait peut-être tout le passé glorieux du pays dont il avait conquis la souveraineté absolue; en tout cas, il pressentait pour l'Egypte un avenir de gloire et de richesse; il savait la prodigieuse fécondité du sol (1), et comme la population ne s'accroît

(1) Le vice-roi d'Egypte a le privilége, que ne possède aucun souverain d'Europe, d'arroser à volonté les terres de ses Etats, s'il veut distribuer habilement les eaux si abondantes du Nil.

pas au gré d'un prince, il appela à son aide la civilisation pour suppléer à l'insuffisance de son peuple. Car toute cette histoire de décadence se résume en deux mots : l'Egypte manque de bras.

Mais, va-t-on répondre, les bras ne manquent pas. Chaque jour la trop féconde Allemagne, la malheureuse Irlande et l'Italie aussi, expédient d'interminables caravanes d'émigrants qui vont chercher au loin, en Australie, en Amérique, aux Indes, dans des contrées souvent malsaines, le pain que la mère-patrie est insuffisante à produire, tandis qu'à quelques jours de l'Europe abondent les terres les plus fertiles.

Cette fois, il faut bien le dire, la faute en est au gouvernement d'Ismaïl-Pacha. Et qu'on veuille bien le remarquer, je ne me fais point ici l'écho des attaques que la presse européenne a dirigées contre le vice-roi actuel. Les reproches que je lui adresse sont d'une tout autre nature; qu'ils soient motivés par ses instincts personnels, par les pernicieux conseils de son entourage ou par les influences qu'il subit, c'est ce qu'il ne convient point d'examiner ici. Constatons seulement qu'Ismaïl-Pacha ne veut point d'Européens en Egypte; qu'il les décourage autant que possible, à cause même des idées de progrès qu'ils apportent dans le pays.

Mais, dira-t-on encore, c'est là un faux calcul. S'il est vrai qu'Ismaïl-Pacha n'obéit qu'à des sentiments tout personnels; si son unique préoccupation est d'encaisser le plus d'argent possible, il serait plus logique à lui de permettre à ses sujets de gagner davantage; il y trouverait son compte. Ainsi, l'Egypte rapporte environ cent quarante millions au vice-roi. Défalcation faite des quatre-vingts millions que lui coûtent les frais d'administration,

il reste donc au pacha soixante millions à peu près pâr an.
Il est incontestable que si le nombre des terres cultivées
vient à tripler, ses revenus tripleront aussi, Un enfant de
six ans comprendrait ce naïf calcul!

Et voilà précisément l'incompréhensible! Le vice-roi
n'a jamais voulu se persuader de cette vérité : « que
l'Etat ne peut que gagner à la prospérité du pays, » vérité
dont Méhémet-Ali et le regretté Saïd-Pacha s'étaient si
bien pénétrés, qu'ils firent tout pour appeler la civilisation
en Egypte, — à un autre point de vue, il est vrai.

Il est bon de dire, — car ceci se rattache à la fondation de la Société agricole, — que le Pacha actuel passe
pour un agriculteur hors ligne et pour un profond économiste,.... on n'a jamais su à quel titre. Quoi qu'il en soit,
sa réputation était déjà faite dans ce sens, lorsque la mort
inopinée de Saïd-Pacha l'appela au pouvoir. On le disait
aussi fort intéressé, — ce dont il faut peut-être convenir
après trois ans de règne, Son début dans la vice-royauté, —
un véritable coup de maître, — décontenança ses ennemis
les mieux renseignés et lui valut l'approbation des honnêtes gens. Il publia un programme gouvernemental à
faire pâlir les chartes les plus libérales : enthousiaste, la
presse du monde entier battit le rappel pour le plus grand
éloge du vice-roi nouveau. Cet homme est voué à l'hyper-
bole. Les journaux créaient alors en son honneur des
épithètes louangeuses, comme ils ont depuis, à sa honte,
reculé les bornes du mépris!

Les Européens résidant depuis longtemps en Egypte,
tout déconcertés qu'ils fussent de la nouvelle attitude d'un
prince qu'ils connaissaient de longue main sans en augu-
rer rien de bon, les résidants ne partagèrent que médiocrement la confiance de l'Europe en Ismaïl-Pacha.

La situation précaire de l'agriculture en Egypte n'était un mystère pour personne ; ma position d'ingénieur et quelques connaissances en économie sociale, mon long séjour dans le pays, me permettaient de l'apprécier dans toute son étendue et d'y porter remède. — Toutefois ce ne fut pas sans de longues hésitations que je me disposai à présenter un projet dans ce sens au nouveau Pacha. Son programme d'avènement acheva de me décider à lui soumettre mes idées. Il me semblait qu'un souverain ne saurait mentir à des promesses qu'il avait faites de son propre mouvement, sans y être engagé en rien, que personne ne lui demandait. De toutes façons, l'intérêt de mes compatriotes, — car une résidence de vingt-huit ans dans le pays me fait considérer l'Egypte comme ma patrie d'adoption, — les intérêts de mes compatriotes se rattachaient si directement aux mesures à proposer, que je demandai au viceroi l'autorisation de fonder une *Société agricole mécanique* en Egypte. Le titre de la Société, — dont j'avais réuni d'avance les documents et les devis — indique du reste qu'il s'agissait de fournir au pays les éléments de culture dont il manque, c'est-à-dire de l'eau à bon marché, soit en contractant avec les particuliers des traités pour les irrigations, soit en leur vendant les machines élévatoires perfectionnées, nécessaires à l'arrosement des terres; en un mot, que je voulais résoudre le problème de l'économie de la puissance par l'épargne des forces perdues.

En dehors des raisons d'intérêt général qui, je m'en doutais déjà en dépit du fameux programme, devaient avoir peu d'influence sur la décision de l'Altesse, deux puissants motifs existaient à mon sens pour que mon projet fût agréé.

D'abord je ne demandais au Pacha ni monopole, ni concession, ni contribution pécuniaire, ni garanties, rien

que le droit de fournir de l'eau ou des machines hydrauliques à qui en voudrait acheter (1). Lui-même, comme
propriétaire de domaines immenses, devait y trouver son
intérêt particulier. Il n'y avait rien là de contraire aux
traités, rien qui pût engager la personnalité de vice-roi ou
le gouvernement égyptien, et si je sollicitais l'autorisation
du Pacha pour une affaire de ce genre, que tout le monde a
le droit d'entreprendre sans rien demander à personne,
c'est que pour mes intérêts, ceux du gouvernement égyp
tien, et ceux des capitalistes prêts à entrer dans l'affaire,
je tenais à m'assurer, sinon la bienveillance, au moins
la neutralité du gouvernement local. Dans un pays aussi
arbitrairement administré que l'Egypte, où les sujets, quoi-
qu'ils fassent, ne doivent avoir d'autre volonté que le ca-
price du maltre, je savais de quels obstacles on pouvait
entraver l'action d'une compagnie qui n'aurait point eu
l'autorisation préalable de Son Altesse. Quelques bons
résultats que dussent produire nos opérations, Ismaïl
pouvait y voir un attentat à ses prérogatives, moins que
cela, un manque d'égards, et déverser sur notre société les
trésors de mauvaise volonté qu'il emmagasine à l'usage
des Européens. C'est ce qu'il fallait éviter, c'est ce que je
crus éviter aussi, en faisant demander au vice-roi une
audience pour soumettre mes plans à son approbation.

Le second motif qui devait, selon moi, me valoir une
réponse favorable, c'est précisément l'axiome d'économie
sociale cité plus haut: l'État ne peut que gagner à la
prospérité générale d'un pays. Or, en Egypte, l'Etat
c'est le vice-roi; et puisque Ismaïl-Pacha avait la réputation d'un économiste éminent..... (Est-il besoin d'être un

(1) Les pachas d'Egypte ne sont pas habitués à des demandes aussi dés-
intéressées.

savant économiste pour comprendre des vérités aussi rudimentaires?)

D'ailleurs, chaque jour la presse locale prenant au
sérieux les promesses de l'Altesse, insistait complai-
samment sur toutes les réformes, les améliorations, les
créations nouvelles qui ne pouvaient manquer de signaler le
nouveau règne. L'occasion se présentait belle d'appliquer
son programme d'avénement. Cette fameuse ère de régé-
nération de l'Egypte, il pouvait l'inaugurer sans bourse délier — un argument dont je ne me dissimulais pas l'influence
auprès d'Ismaïl. Toutefois, avant d'adresser ma demande
directe au pacha, il convenait de voir comment l'opinion
publique accueillerait la nouvelle Société. Je fis donc paraître, dans le *Spettatore Egiziano*, un article détaillé où
j'exposais mes plans et les résultats que j'en espérais.
Mes indécisions ne tinrent plus devant les adhésions et
les encouragements qui m'arrivèrent de toutes parts; et je
fis demander, par le représentant de mon pays en Egypte,
M. le chevalier Schreiner, consul général d'Autriche, une
audience de S. A. le vice-roi, pour lui soumettre mes
plans.

Grande fut ma surprise quand je reçus de mon consulat
la réponse suivante :

« Le vice-roi entendait ne point accorder d'autorisa-
« tions nouvelles. Il avait besoin de plusieurs années pour
« parer aux conséquences désastreuses des trop nom-
« breuses concessions *imprudemment* accordées par son
« prédécesseur. »

C'était à n'y rien comprendre !

J'ignorais d'abord que Mohammed-Saïd eût jamais accordé de concessions ruineuses pour le pays. La fortune

du dernier vice-roi avait presque entièrement disparu en
œuvres d'utilité publique, il est vrai ; mais cela ne regardait
en rien son successeur. Ismaïl n'a point, que l'on sache, in-
demnisé Toussoum-Pacha de la perte de son patrimoine :
il s'est même rencontré des gens qui affirment le contraire !

Puis ce fameux programme d'avénement me revenait
toujours à l'esprit. J'y avais pleine confiance, en homme
de bonne foi qui ne se persuade pas aisément qu'un prince
manque sans motifs à la parole donnée et se refuse à
comprendre ses véritables intérêts. Aussi me semblait-il
impossible que le vice-roi, persuadé comme il devait
l'être, — comme il avait dit l'être, en effet, — de l'ur-
gence des réformes, fût résolu à retarder de plusieurs
années l'exécution de ces réformes, à prolonger sciem-
ment un état de choses dont il avait dénoncé, dans
son programme, les fâcheuses conséquences. S'il faut
même tout dire, la réponse qui me fut transmise par mon
consul impliquait, de la part de celui qui l'avait faite, une
si incroyable maladresse, une telle ignorance des connaissances les plus vulgaires, que je fus au regret de me la voir
donner par S. A. Ismaïl-Pacha, qui s'était acquis une certaine réputation d'habileté. Tout le monde sait, en effet,
que le progrès est chose forcée en Egypte ; si le vice-roi
se met à la tête du mouvement, tant mieux ! car les choses
avancent plus vite ; mais dans le cas contraire, il est absolument impuissant à arrêter la civilisation envahissante :
j'en atteste l'histoire du pays depuis cinquante ans !

Il devait y avoir dans tout cela quelque malentendu.
J'étais surtout confirmé, dans cette conviction, par deux
faits récents et d'une signification toute concluante. Quelques jours auparavant, Ismaïl-Pacha avait autorisé la

création de deux grandes Sociétés anonymes : l'une, pour le
commerce du Soudan (*Commercial and Trading C°*), l'autre
pour la navigation dans la Méditerranée et la mer Rouge
(*Azizié*). Il n'avait donc pas renoncé à accorder de nouvelles autorisations. La dernière de ces Sociétés jouissait
même, d'après l'acte de concession, de priviléges considérables — qui ressemblaient fort à des monopoles, —
preuves manifestes de la bienveillance du souverain. Le
vice-roi avait poussé la gracieuseté jusqu'à se rendre, à
ce qu'on disait, principal actionnaire de l'Azizié, et à
tel point, que ses capitaux particuliers représentaient, à
eux seuls, une grande partie du fonds social !

Je renouvelai donc ma demande, et l'audience tant
souhaitée me fut enfin accordée : M. le consul général
d'Autriche y assistait, ayant été invité à venir par le
pacha.

Après avoir exposé mon projet à Son Altesse et en avoir
fait ressortir les avantageux résultats pour le pays, je lui
demandai l'autorisation de fonder une Société agricole mécanique égyptienne.

Ici prend place un détail assez curieux. J'invoquais à
l'appui de ma demande l'autorisation de compagnies dont
il est parlé plus haut. J'insistais même sur la protection
déclarée de Son Altesse pour différentes entreprises. Elle
avait, disait la voix publique, pris un fort intérêt dans la
banque Dervieu, et possédait une grande partie des actions de la Compagnie l'Azizié. Le vice-roi daigna me
répondre que tous ces bruits étaient faux. Il avait, il est
vrai, placé chez M. Dervieu quelques fonds appartenant à
sa mère ; et dans l'Azizié une partie de la fortune de *ses*
enfants ; mais personnellement il ne s'occupait pas de tout
cela.

Comme il est messéant d'éclater de rire en présence d'une altesse, je gardai mon plus grand sérieux. Heureusement que je n'avais plus à alléguer d'autres faits du même genre, sans quoi Ismaïl-Pacha eût fait défiler l'arrière-ban de ses cousins et neveux, dont il tient à faire la fortune.

Il fallait pourtant se rendre à l'évidence. Mon projet était bon, et Ismaïl-Pacha en convint hautement. C'était d'ailleurs d'une adroite politique. Comme je l'ai dit, M. le consul d'Autriche assistait à l'entrevue, et en présence du représentant d'une grande puissance, le vice-roi ne pouvait refuser sa protection à une œuvre aussi éminemment utile au pays. En effet, dès l'abord, ne marchanda-t-il point son admiration.

« — Seulement, dit-il, pour une société de ce genre, mon autorisation n'est pas nécessaire. »

Et il cita diverses entreprises fondées effectivement en Egypte depuis son avénement au pouvoir, et qui n'étaient pas autorisées par le gouvernement local.

Les entreprises dont il s'agissait n'étaient point sujettes aux lois locales, et n'avaient besoin en rien du concours de l'administration; je n'eus pas de peine à le prouver. J'ajoutai que par la nature même de ses opérations, la Compagnie que je voulais fonder était destinée à fonctionner dans l'intérieur de l'Egypte; il importait donc qu'elle fût soumise aux lois et règlements du pays, d'abord pour l'installation des machines qu'elle comptait employer; en second lieu, au point de vue du bon résultat de ses opérations, car il fallait inspirer de la confiance aux cultivateurs indigènes qui ignorent absolument les lois et la procédure européennes.

A ce propos, le vice-roi m'engagea à m'entendre avec

l'administration locale ; il fallait prendre une permission avant d'établir mes machines sur les canaux.

« — Moi-même, disait l'Altesse, j'ai fait à divers en-droits, pour l'irrigation de mes propriétés, installer des machines hydrauliques, et j'ai dû en modérer l'action pour ne pas priver les autres propriétaires de l'eau dont ils avaient besoin. »

Je répliquai que la Compagnie que je projetais devant être égyptienne, elle serait assujettie aux lois locales et aux règlements intérieurs. D'ailleurs, ajoutais-je, quand il s'agira de traiter avec le public pour l'irrigation des terres, les conventions ne porteront que sur la quantité d'eau qu'il est permis à chacun de puiser. Par exemple, si un propriétaire a le droit de faire fonctionner dix sa-kiés (1), la Compagnie lui proposera de lui vendre ou de lui louer les machines nécessaires pour fournir le même volume d'eau que lui donnent ses dix sakiés, et cela à moindres frais. A ceux qui ne croiraient pas à l'efficacité des nouvelles machines et n'en voudraient pas faire l'ac-quisition, ou bien préféreraient s'épargner les embarras de l'exploitation, telles que les réparations, les frais de mé-canicien, d'achat et de transport du charbon, etc., à ceux-là, la Compagnie fournira toujours à moins de frais, une quantité d'eau égale à celles que puisent leurs sakiés. Je ne crois pas, d'ailleurs, que le gouvernement qui perçoit les taxes territoriales, veuille profiter de ce que j'offre d'ir-riguer les terres à meilleur compte, pour diminuer la quantité d'eau qu'il accorde à chaque cultivateur en parti-culier.

(1) Sakié, [machine élévatoire, mue par un manége. Cet appareil primitif est en usage dans le pays depuis un temps immémorial.

— Loin de moi cette idée ! répondit le vice-roi. Je désire au contraire que la population agricole jouisse de toutes les facilités de culture. Si même vos conditions sont avantageuses, j'en profiterai comme les autres.

Après avoir assuré au pacha que je ferais tous mes efforts pour mériter à la Compagnie agricole l'honneur de le servir, et pour lever les dernières difficultés s'il s'en trouvait encore, je lui demandai si ma personnalité pouvait être un obstacle à l'autorisation que je sollicitais. Dans ce cas, je me ferais fort d'instituer une compagnie avec des éléments purement égyptiens, offrant de l'organiser moi-même, moyennant une indemnité pour la cession de mon idée, de mes plans et de mes travaux.

Son Altesse voulut bien m'assurer alors qu'elle n'avait aucun grief contre moi ; qu'elle me connaissait depuis assez longtemps pour m'accorder sa confiance ; seulement elle ne croyait pas son autorisation nécessaire, et ne voulait créer au gouvernement d'obligations d'aucune nature à propos d'entreprises particulières.

A ce moment, le docteur Burguières-Bey, médecin particulier de Son Altesse, et qui était présent à l'entrevue, crut devoir intervenir.

— Vous pouvez parfaitement, me dit-il, créer une Compagnie anonyme sans l'autorisation de Son Altesse.

— Pour que la Compagnie que je désire former réussisse, lui répondis-je, et aussi pour que le pays profite des résultats, il faut qu'elle soit égyptienne, vous le savez, et soumise aux lois locales. Or, pour créer une société égyptienne, l'autorisation du chef de l'Etat est nécessaire, et c'est cela que je demande.

— EH ! BIEN, JE VOUS L'ACCORDE, me répondit le vice-roi.

Confiant dans la parole du prince, j'adressai, en date du 19 juin, une demande officielle. Le 21 juillet suivant, l'autorisation me fut accordée par décision ministérielle. Mais déjà le complot s'ourdissait, qui devait plus tard faire tomber la Compagnie entre les mains exclusives des créatures de Son Altesse.

Dès le 10 juillet 1864, je m'étais entendu avec la maison Ed. Dervieu et Cie pour la formation de la Société. Le 22 du même mois, nous arrêtâmes, d'accord avec M. Dervieu, le compromis qui me liait à la Compagnie déjà formée par lui, et dont faisaient partie MM. Ruyssenaërs, Ross, Oppenheim, Antoniadis, Biagini, Aïdé et autres. En attendant que l'acte d'association et les statuts fussent mis au net pour pouvoir être signés, nous engageâmes tous les deux notre parole, et sur sa demande, je lui confiai mes mémoires, mes études, les devis avec tarifs, en un mot tout le plan détaillé de l'entreprise.

Puis quand il eut tous les documents en mains, M. Dervieu m'annonça « qu'il allait faire part à Son Altesse de la formation de notre Société, par convenance, disait-il, et en remerciement de son autorisation. Je consentis avec plaisir à cette notification qui, selon moi, ne pouvait qu'être agréable au vice-roi, d'autant que je m'étais résigné à quelques sacrifices pour faire entrer dans l'affaire bon nombre de ses amis.

Et voilà précisément où était mon erreur !

Deux jours après, j'appris de M. Dervieu et de plusieurs autres personnes que le vice-roi, loin de me savoir gré de ma bonne volonté, ne voulait pas entendre parler de l'affaire. Il avait bien donné l'autorisation de fonder la Société agricole, mais il entendait aussi que la Société ne se

fondât pas : aussi avait-il invité M. Dervieu à se retirer
de l'affaire.

Je m'étonnais grandement que le Pacha pût intimer
aucun ordre de ce genre à M. Dervieu, puisqu'il m'avait
assuré être absolument étranger aux opérations de ce banquier. Toutefois, pour ne pas mettre ce dernier dans une
position difficile, je lui offris (en présence de mon consul
général), de lui rendre sa parole. Il ne la voulut point
reprendre et me pria d'attendre qu'il pût aller lui-même
au Caire plaider notre cause auprès du vice-roi.

De mon côté, je me rendis chez S. A. Halim Pacha,
dont je connaissais le caractère franc et loyal, pour le
prier d'intercéder en faveur de notre Compagnie. Le prince
ne me cacha point sa surprise. Il ne pouvait croire que le
vice-roi ayant accordé l'autorisation, voulût empêcher la
Société de se former.

Les faits, malheureusement, ne venaient que trop con-
firmer mes craintes. Des ordres avaient été donnés à plusieurs gouvernements de provinces (mudirs), leur enjoi-
gnant de s'opposer par tous les moyens possibles, à l'action de la Société agricole. L'administration locale, on le
sait, est féconde en ressources de ce genre : son immense
influence sur les populations, son pouvoir discrétionnaire
lui permettent de semer à pleines mains les difficultés, les
entraves et ces mille tracasseries mesquines qui constituent, au reste, tout le fonds de la diplomatie turque. C'est
ainsi que je reçus du mudir de Tantah une lettre par laquelle ce fonctionnaire m'annonçait tout net qu'il ne per-
mettrait pas la publication d'un avis annonçant aux cultivateurs que la Société agricole vendait des machines à
qui en voulait acheter ! C'était le premier résultat d'une
manœuvre inqualifiable que me valut le mauvais vouloir

2

de Son Altesse ; je le relate ici, ne fût-ce que pour faire connaître aux lecteurs les façons de procéder de l'administration égyptienne (1).

Dès que j'eus obtenu de Son Altesse l'autorisation ver-

(1). Voici la lettre que j'adressai en réponse à Son Excellence Fadel-Pacha, Moudir du Garbieh à Tantah.

Excellence,

Par votre lettre du 13 saffar 1280 (29 juillet 1863), n° 4253, fol° 178, dont je joins copie à la présente, vous avez signifié à mon vékil de Tantah, M. B. Lagnado, que vous ne pouviez permettre d'afficher les circulaires que je vous avais envoyées, afin d'annoncer à la foule considérable de fellahs et de propriétaires réunis à Tantah pour la foire, que j'allais arriver pour leur exposer mon projet et même passer des contrats s'il y avait lieu, pour l'arrosage des terres, entre la Société spéciale que je représente et les fellahs.

Cette prohibition emprunte un haut degré de gravité à la grande influence que l'habileté administrative de Votre Excellence lui a justement acquise.

Aussi, je ne puis m'empêcher de dire à Votre Excellence que sa conduite actuelle ne témoigne pas en faveur de son dévouement à S. A. le vice-roi d'Egypte, parce qu'elle est entièrement en opposition avec les intentions de Son Altesse; intentions très-clairement manifestées par autorisation même que Son Altesse m'a donnée pour créer une Compagnie ayant pour objet spécial la vente d'instruments propres à l'arrosage des terres et à l'agriculture en général.

L'ignorance de l'existence de l'autorisation alléguée par Votre Excellence ne peut sérieusement servir d'excuse; car je ne puis supposer qu'un gouvernement fonctionnant aussi régulièrement que celui de S. A. le vice-roi d'Egypte ait pu négliger de transmettre à tous les gouvernements des provinces, communication d'un titre de la nature du mien. Mais en admettant que par suite de quelque retard, imputable seulement aux bureaux, vous n'ayez pas reçu communication de ce *document*, dès l'instant que mon vékil en excipait auprès de Votre Excellence, la prudence la plus ordinaire et le devoir même ne conseillaient-ils pas d'user de la voie télégraphique qui est toujours à votre disposition pour vous renseigner sur ce fait, soit auprès de Son Altesse elle-même, soit auprès du grand Conseil, soit enfin auprès de S. Exc. le ministre des affaires étrangères?

Quoique je ne sois nullement obligé d'exhiber l'acte d'autorisation vice-royale, cependant, pour vous donner une nouvelle preuve du désir qui m'anime d'employer tous les moyens propres à entretenir les meilleures relations entre ma Compagnie et tous les fonctionnaires de Son Altesse, je m'empresse de vous communiquer, en la joignant à la présente, une copie régulière et authentique dudit acte d'autorisation, afin que vous puissiez en prendre une parfaite connaissance, et me permettre ensuite de satisfaire aux nombreuses demandes qui me sont faites de tous côtés, soit de la part de vos administrés, soit de la part de ceux des autres provinces.

Je me permettrai, toutefois, de vous faire remarquer que cette communi-

bale de fonder la Société agricole-mécanique, j'adressai à mon consul général une demande écrite, contenant sept articles qui résumaient le plan de l'entreprise et les conditions fondamentales de son établissement. Cette demande

cation devrait être inutile; interprète dans sa circonscription des hautes volontés du prince qui gouverne l'Egypte, Votre Excellence n'aurait-elle pas dû les devancer spontanément en me dispensant de l'obligation de cette communication?

En effet, la liberté du commerce règne aujourd'hui parmi toutes les nations, l'Egypte y comprise. Les traités internationaux prescrivant non-seulement la liberté la plus absolue dans les transactions; mais encore pour consacrer plus efficacement le principe de cette liberté, les mêmes traités contiennent des articles spéciaux qui défendent formellement de porter la moindre entrave au commerce et à l'industrie, même d'une manière indirecte, et cela sous peine d'une sévère punition.

Permettez-moi de vous communiquer quelques articles du Hatti-Hamayoum et du Tanzimat.

Hatti-Hamayoum du 18 février 1856 :

« On s'occupera également de la création de routes et de canaux qui ren-
« dront les communications plus faciles et augmenteront les sources de la
« richesse du pays. On abolira tout ce qui peut entraver le commerce et
« l'agriculture. Pour arriver à ces buts, on recherchera les moyens de mettre
« à profit les arts, les sciences et les capitaux de l'Europe et de les mettre
« ainsi successivement en exécution. »

Tanzimat du Rabi-tani, 1271 :

Art. 5. « Tous les fonctionnaires et employés du gouvernement étant
« responsables de tous leurs actes administratifs, toutes les fois que l'un
« d'eux mettra de la négligence et de l'incurie dans l'accomplissement de
« ses devoirs, son procès devra être fait.

Art. 15. « Ils doivent employer tout leur zèle à procurer tous les secours
« et toutes les facilités, et s'attacher à tous les moyens productifs de la
« propriété et du développement de l'agriculture et du commerce.

Art. 21. « On devra apporter le plus grand zèle à perfectionner et amé-
« liorer tous les moyens qui peuvent conduire au développement de l'agri-
« culture et du commerce.

Votre Excellence verra dans ces documents que non-seulement ils contiennent des dispositions formelles en faveur de la liberté pleine et entière tant du commerce que de l'industrie, mais aussi, qu'il en ressort d'une manière explicite et positive, que désormais les capitaux et les industries de l'Europe doivent être encouragés et utilisés aussi largement que possible, sur toute la surface de l'Empire ottoman.

Ces décrets souverains ont reçu leur pleine application dans tous les Etats de S. M. I. le Sultan. Ces dispositions sont devenues aujourd'hui des pièces publiques, car tout le monde les connaît, soit pour les avoir entendu lire, soit à cause de la solennité qui a accompagné les formalités de leur sanction. Tout le monde aussi les a accueillies avec bonheur à cause de l'utilité de leur objet et du bien qui en résultera pour l'Egypte.

S. A. le vice-roi, dans sa haute et intelligente appréciation, a gracieuse-

fut adressée au vice-roi, qui y fit répondre par une décision
ministérielle émanée de son ministre des affaires étrangères, relatant les sept articles de ma demande et autorisant la fondation de la Compagnie.

ment voulu s'y conformer à mon égard, en me concédant l'autorisation dont
j'ai parlé.

L'opposition ouverte apportée par Votre Excellence à l'affichage de mes
circulaires, l'interdiction positive, constatée par votre lettre à la conclusion
de tout contrat entre les Fellahs et ma Compagnie, constituent donc une
violation flagrante des traités et du Hatti-Hamayoum, ainsi que de l'autori-
tion que Son Altesse m'a concédée.

C'est un excès de pouvoir qui cause à mon entreprise des dommages
d'autant plus sensibles, qu'ils la frappent à son début et dans une circonstance on ne peut plus favorable à son développement et à son avenir, la
foire de Tantah.

Ce n'est pas seulement mon intérêt privé qui s'en trouve gravement lésé;
l'intérêt public n'en a pas moins à souffrir, car, l'obstacle que vous m'avez
créé, retarde l'arrosage des terres, dans un moment où la Compagnie aurait si efficacement suppléé aux bestiaux, aujourd'hui presque anéantis par
l'épizootie.

Votre Excellence s'écarte singulièrement des idées de progrès qui ont
dicté à Son Altesse les divers ordres qu'elle a donnés depuis son avénement
et de son programme si régénérateur et si favorable à une civilisation de
plus en plus parfaite.

Si l'entrave que vous apportez à ma liberté commerciale était connue, elle
soulèverait contre son auteur et contre ses approbateurs, s'il s'en trouvait,
non-seulement le blâme du pays, mais aussi les critiques sévères de toute
l'Europe.

Sans doute, la lettre que j'ai reçue, comme émanant de Votre Excellence,
n'est que l'œuvre d'un de ses subordonnés, entraîné par un zèle aveugle et
ignorant des vrais intérêts de l'Egypte. Je suis donc convaincu, qu'à la ré-
ception de la présente, vous vous empresserez de prendre des mesures propres à effacer complètement dans l'esprit des fellahs la mauvaise impression
que votre opposition a dû faire naître chez eux, et que vous saurez les
instruire de la véritable situation des choses, et reconnaître la réalité de
mes droits.

En agissant ainsi, vous empêcherez qu'une bien pénible supposition
puisse entrer dans quelques esprits; car, pour qu'un administrateur aussi
digne et aussi loyal que Votre Excellence, puisse se déterminer à agir
d'une façon si hostile contre ma Compagnie, il faudrait supposer qu'il obéit
à des instructions secrètes et destinées à neutraliser entre mes mains l'autorisation qui m'a été accordée par la gracieuse et intelligente libéralité de
S. A. Ismaïl-Pacha.

J'attends donc avec confiance une réponse immédiate qui m'annonce le
retrait de vos premiers ordres erronés, et qui m'autorise à agir librement
désormais dans toute l'étendue de votre circonscription pour le développement des affaires entreprises par ma Compagnie.

Alexandrie, le 5 août 1863.

Il s'agissait alors de donner au public connaissance de la Société nouvelle, et je fis paraître une circulaire dans laquelle je prévenais les cultivateurs que le but de la Compagnie, autorisée d'ailleurs par Son Altesse, était de vendre des machines ou de fournir de l'eau à tous ceux qui en auraient besoin.

Aussitôt Ragheb Pacha, secrétaire de Son Altesse, lança à tous les gouverneurs de provinces, une contre-circulaire, en leur déclarant que ma Société n'était point autorisée par le gouvernement. Comme j'avais en poche l'autorisation signée par le ministre des affaires étrangères, voici comment il appuyait son dire. Lui-même, Ragheb-Pacha avait été chargé, avec le Conseil de Maié, d'examiner la demande écrite que j'avais présentée à Son Altesse. Lui-même avait adressé en langue turque la décision du conseil au ministre des affaires étrangères, en le chargeant de me la notifier, et la décision rendue par ce dernier ministre n'était, disait-il, pas du tout conforme aux ordres qu'il lui avait transmis.

Ces absurdes chicanes de ministre se renvoyant mutuellement la responsabilité, feraient en Europe hausser les épaules à tout le monde. Il semble même que j'eusse dû alors ne m'en pas préoccuper, puisque j'avais mon autorisation en règle; mais la contre-circulaire de Ragheb devait avoir une tout autre importance. Je ne relèverai pas ici les épithètes malsonnantes, ni les démentis dont elle était remplie à mon adresse : l'effet qu'elle comptait produire s'adressait directement à mes intérêts; il s'agissait d'abord, en me faisant passer pour un imposteur, de ruiner mon crédit et celui de la Société nouvelle; en second lieu, c'était prévenir les Arabes que le gouvernement ne voyait pas la Compagnie d'un bon œil. Et pour qui connaît les habitudes du pays, où l'administration exerce sur les indigènes une véritable terreur, c'était une belle et bonne défense de traiter avec la Société agricole, — défense tacite, il est vrai, mais sur le sens de laquelle les indigènes ne se trompent jamais. Contre de pareils actes de mauvaise foi, une protestation judiciaire ne prouverait rien ; je me contente de les dénoncer à l'opinion publique qui jugera.

On n'en finirait pas, d'ailleurs, s'il fallait citer les preuves d'hostilité que le Pacha prodigua à la Compagnie agricole avec une libéralité toute vice-royale.

Pourtant, malgré tant de découragements, la Compagnie se constituait. Les capitaux *amis* du vice-roi se montrant timides, on résolut de s'adresser ailleurs, et M. Hélouis, mon mandataire, se rendit à Paris pour traiter la question financière avec diverses maisons européennes. Cette combinaison ne faisait point le compte du Pacha. Tant qu'il avait cru la Société impuissante à trouver des ressources hors du pays, il avait donné ses ordres au fidèle Dervieu, et le *banquier de sa mère* n'ouvrait pas ses coffres. Pas d'argent, pensait-il, pas de Société agricole. Comme d'ailleurs il avait eu connaissance de tous les plans et devis, il comptait bien entreprendre lui-même les opérations. Mais du moment qu'on trouvait des capitaux à l'étranger, qu'il n'était par conséquent plus possible d'empêcher la Compagnie de se constituer, il s'agissait pour le vice-roi de faire entrer dans l'affaire bon nombre de ses amis, soit pour la faire crouler, si cela devenait utile à ses projets, soit pour la fondre avec d'autres Compagnies, et la remanier au mieux de ses intérêts. Aussi deux banquiers d'Alexandrie vinrent-ils prier M. Hélouis de leur réserver la moitié des actions. — Point n'est besoin d'ajouter que ces banquiers étaient deux fidèles du Pacha.

Grâce à cette opération qui assurait à ses bons amis la haute main dans l'affaire, le vice-roi comptait bien diriger la Société : il comptait surtout ne point lui laisser faire ces irrigations *dont il ne voulait pas entendre parler*, comme l'avait dit naguère un de ses ministres.

Et c'est ce qui ne manqua pas d'arriver ainsi qu'on va le voir.

II.

Depuis que mes négociations avec M. Dervieu avaient été sinon rompues, du moins indéfiniment ajournées, je recevais, tant de l'Égypte que de l'étranger, de nombreuses propositions pour la fondation d'une Compagnie basée sur mes projets. M. le colonel comte de Kiss me fit, entre autres personnes, des offres que j'acceptai, et je traitai définitivement avec lui, par l'entremise de M. Hélouis. Une des conditions de notre contrat était que M. le colonel de Kiss devait déposer une caution de 500 000 fr.; et une dépêche télégraphique vint bientôt m'annoncer que cette condition était acceptée.

Vers la même époque, MM. Henry Oppenheim et A. Gallo (ce dernier représentant la maison de banque Dervieu et Cⁱᵉ) traitaient à Paris, avec M. le colonel de Kiss, et obtenaient de lui d'entrer dans l'affaire pour une somme importante.

Cette intrusion des deux associés ne se fit point sans

difficultés : M. le comte de Kiss n'y tenait que médiocrement — ainsi que je l'ai su de lui-même et de M. Hélouis.
Il ne se décida à accepter les offres des nouveaux-ve-
nus que lorsque ceux-ci, faisant sonner bien haut leurs
bonnes relations avec le Pacha, déclarèrent nettement que
de leur admission dépendait l'avenir de la Société.

« Elle a tout à gagner, disaient-ils, de notre crédit auprès du vice-roi. Mais dans le cas contraire, S. A. ne lui
pardonnerait pas d'avoir refusé notre concours. »

. Si le lecteur a lu les pages qui précèdent, s'il veut se
rappeler que des propositions analogues avaient été faites
par les mêmes personnes à M. Hélouis, lors de son départ pour l'Europe, ces offres réitérées ne laisseront point
que d'avoir une haute signification. C'est là, en effet le
premier chaînon d'une longue trame d'intrigues destinée
d'avance à produire les résultats qu'on va apprendre par la
suite. Sans doute le vice-roi ne voulait pas que que la direction de la Société nouvelle pût se soustraire en rien à
son influence, puisque les banquiers ses amis qui avaient,
dès l'abord, montré tant de tiédeur pour l'affaire, deman-
daient instamment à s'y intéresser, alors qu'elle n'avait
plus besoin de leur concours — ou pour mieux dire —
qu'elle allait s'échapper de leurs mains.

Comme conséquence, et pendant que ces choses se pas-
saient en France, M. Dervieu, se reprenant d'une belle
ardeur pour la Société agricole, me proposait de renouer
les négociations interrompues. C'est alors que je reçus de
Paris, à la date de 2 octobre 1863, un télégramme par
lequel M. Hélouis m'annonçait la signature d'une conven-
tion financière entre M. le colonel de Kiss et les maisons
H. Oppenheim neveu et Cⁱᵉ, et Ed. Dervieu et Cⁱᵉ.

J'arrêtai donc avec M. Dervieu les conditions définiti-

ves de la constitution de la Société, et nous convînmes de
de fonder une Compagnie anonyme d'irrigations, sous le
titre de *Société agricole mécanique Egyptienne*. Il fut également convenu que je remplirais dans la nouvelle entreprise les fonctions d'Inspecteur général et de Président du
Comité de direction composé de trois membres, MM. Hélouis,
Aïdé et moi, et qu'à ce titre je jouirais d'une part de 6
pour 0/0 sur les bénéfices. Je refusai d'ailleurs pour ces
fonctions toute espèce de traitement fixe, ne voulant point
grossir le chapitre des frais généraux déjà si considérables
au début de toute entreprise, et m'en rapportant, pour mes
intérêts, au succès de l'affaire.

Comme concessionnaire et promoteur de la Compagnie,
et en rémunération de mes travaux préparatoires, plans,
devis, frais de toute nature, peines et soins, il me fut
alloué une part de 4000 actions de jouissance.

MM. Derrieu et Oppenheim se chargeaient d'obtenir du
vice-roi l'approbation de nos statuts.

La base de ces statuts était l'autorisation même qui
m'avait été donnée par Son Altesse, de faire avec les propriétaires d'Egypte des contrats pour l'irrigation de leurs
terres. Aussi quel ne fut pas mon étonnement, quand je
vis que, dans la réponse à nous transmise par le Ministre
des affaires étrangères, il n'était point fait mention des
irrigations; on y avait même changé le nom de notre
Compagnie qui, au lieu de s'intituler *Agricole-mécanique*,
s'y trouvait désignée sous le titre de Société *Agricole
et Industrielle* d'Egypte.

Une modification aussi fondamentale du principe même
de notre entreprise me déconcerta. Supprimer le droit
de faire des irrigations, c'était paralyser les forces de la Société et tarir la source la plus importante de ses revenus.

Et je me pris à émettre les soupçons les moins rassurants
sur la loyauté du gouvernement Egyptien, comme aussi
sur la sincérité et la bonne foi de MM. Dervieu et Oppenheim, mes nouveaux associés.

Ce qui ne contribua pas peu à accroître ces soupçons,
c'est la résignation dont M. Dervieu fit preuve en cette
circonstance fâcheuse. Il me conseillait de ne rien dire,
d'accepter les modifications ministérielles, de patienter,
se faisant fort avec le concours de M. Oppenheim d'amener
le vice-roi à supprimer ces modifications. Il ne s'agissait
que d'attendre le moment favorable. « Car, assurait
« M. Dervieu, le vice-roi m'a promis son appui et sa fa-
« veur pour la Compagnie, mais en ce moment des motifs
« que je ne puis vous dire l'obligent à agir comme il le
« fait. » La meilleure preuve de la bonne volonté du vice-
roi pour la Compagnie était le soin qu'il mettait à y faire
entrer ses amis. Aussi M. Dervieu nous pria-t-il, M. Horn
(représentant du colonel de Kiss) et moi, de renoncer au
droit que nous avions de nommer plusieurs administrateurs, et de laisser les places vacantes à la discrétion du
Pacha qui désirait les voir occupées par des personnes de
son choix. Cette preuve de déférence, jointe à nos marques
de respect pour ses moindres ordres, ne pouvait manquer
de nous valoir toute la sympathie de Son Altesse.

(M. Dervieu comptait bien aussi — mais il n'eut garde
de le dire — que tant de soumission devait produire le
meilleur effet pour ses petites affaires personnelles.)

Toutes ces démarches tortueuses ne firent qu'accroître
mes soupçons. D'ordinaire, quant il s'agit d'une affaire
honorable et surtout profitable à tous, il n'est besoin que
d'aller droit à son but, sans tant d'intrigues, et je ne
souhaitais rien que le droit d'opérer au grand jour. Tou-

tefois, comme je n'étais pas seul engagé dans l'entreprise,
et que M. Horn croyant alors à la sincérité des promesses
de M. Dervieu—toujonrs au nom du gouvernement Egyptien—avait consenti à l'abandon de ses droits, je me trouvais désormais seul contre tous. Je dus donc faire de
nécessité vertu, et j'accédai à cette nouvelle demande, tout
en déplorant par avance les fatals résultats de tant de
condescendance. J'étais d'ailleurs bien résolu à employer
toutes mes forces pour défendre mon œuvre, de quelque
part que les attaques pûssent venir. C'était encore là une
illusion; il était écrit que je devais perdre à la fois et mon
temps et le fruit de mes longs travaux, négliger mes propres affaires, et me créer des soucis innombrables, sans
réussir à sauver la Société agricole.

Le vice-roi avait résolu de ruiner la Compagnie. Il
l'attaquait de nouveau, mais après s'être ménagé cette fois
des intelligences dans la place; et il avait choisi de puissants auxiliaires.

Je ne veux point soulever à ce propos la question de
savoir si le vice-roi et les principaux administrateurs, en
agissant ainsi, sont passibles ou non d'une action judiciaire. J'admets même qu'ils n'ont en cela écouté que leur
conscience. (D'ailleurs la société était Egyptienne,
partant soumise à la législation du pays, et Dieu vous
garde, cher lecteur, d'avoir jamais affaire aux tribunaux
égyptiens!) Considérons donc la chose au point de vue
purement moral. Comme nous sommes loin, n'est-ce pas?
du fameux programme publié par Ismaïl-Pacha lors de
son avénement; et comme toutes ces vilonies, ces
manœuvres souterraines se ressentent peu des promesses
libérales et généreuses annoncées à son de trompe dix-
huit mois auparavant!

Mais revenons à l'historique de cette infortunée société agricole.

A peine la décision ministérielle portant approbation de nos statuts, nous fut-elle parvenue, que toutes nos actions furent immédiatement souscrites. Ce fut même par faveur spéciale que nous accordâmes aux souscripteurs égyptiens 40 pour 0/0 de la totalité de leurs demandes, et la société fut définitivement constituée.

J'étais d'avis que le premier appel de fonds ne devait pas dépasser le dixième du capital social, somme parfaitement suffisante pour commencer les opérations. Mais MM. Oppenheim et Dervieu, fondateurs de la Compagnie prétendirent qu'il était urgent d'appeler un cinquième du premier coup, et devant leur opinion prépondérante je dus m'incliner. Les actionnaires versèrent donc 4 liv. st. par action.

Ici une explication est nécessaire. Pourquoi MM. Oppenheim et Dervieu insistaient-ils pour qu'on appelât deux dixièmes du capital alors qu'un dixième seulement était nécessaire? C'est que ces messieurs cumulaient les fonctions de fondateurs et de banquiers de la société, et qu'à ce dernier titre ils devaient encaisser les versements; circonstance qui leur permettait la libre disposition d'un dixième du fonds social, momentanément sans emploi. Il est vrai que pour cette somme ils devaient compte à la Compagnie d'un intérêt annuel de 7 pour 0/0, mais en Egypte l'argent savamment manipulé rapporte gros, et nos deux banquiers se créaient ainsi sans bourse délier un capital important pour leurs opérations particulières.

Le plus fâcheux est que M. Dervieu ait cru pouvoir, — avec un sans gène inqualifiable, — employer en des spéculations à trop longues échéances les capitaux que la

Compagnie lui remettait en compte courant : C'est ainsi
que, à plusieurs reprises, des assignations tirées par la
société agricole sur son banquier M. Dervieu sont revenues
impayées : on priait le porteur de repasser dans quelques
jours. Voilà, n'est-il pas vrai ? un procédé bien simple et
à la portée de tout le monde. Mais avec de semblables facilités de paiement, je défie Robert-Macaire lui-même de
faire faillite !

Somme toute, comme cette petite spéculation individuelle
ne nuisait pas à la société en elle-même, je passai outre.
Il s'agissait de pourvoir au plus pressé. Je m'occupai donc
activement, de concert avec M. Hélouis, d'organiser l'administration. Les services furent installés avec une scrupu-
leuse économie, tout en faisant honneur aux recomman-
dations des deux banquiers qui nous présentèrent divers
agents de leur choix, — comme cela se pratique d'ailleurs
en pareil cas.

D'un autre côté nous avions conclu avec la société des
Forges et Chantiers de la Méditerranée un contrat en parti-
cipation pour la construction des ateliers de réparation
des machines, et à l'effet d'installer les ateliers susdits, la
Compagnie fit l'acquisition de différents terrains dits de
« Moharrem-bey » terrains sur lesquels devait passer le
chemin de fer de Rosette, nouvellement concédé par Son
Altesse. Je fus chargé de m'entendre avec les ingénieurs
du chemin de fer au sujet du tracé de la voie qui devait
traverser nos terrains; nous devions également concerter
ensemble les mesures relatives à l'emplacement des stations,
des ateliers, etc.

Mais avant tout il fallait donner acte au public de l'existence de la société. Aussi et en confirmité de la décision
ministérielle d'autorisation, les directeurs envoyèrent au

journal officiel Arabe-Turc, une copie de ladite décision et un extrait des statuts, le tout accompagné de la somme nécessaire pour les frais d'insertion. L'insertion se faisant attendre, on adressa plusieurs lettres pressantes au directeur du Journal. Nous nous adressâmes alors à un des administrateurs de l'agricole, M. Maximos Sakakini, ami de Son Altesse, et une des fortes têtes de l'endroit, en lui demandant d'user de son influence en notre faveur.

La situation devenait intolérable. Pour nous conformer à l'ordonnance d'autorisation qui ordonnait la publication de nos statuts, nous donnâmes acte au ministre des affaires étrangères du refus d'insertion, en le priant d'intervenir.

Le ministre voulut bien nous répondre : à la vérité, il ne disait pas un mot de ce que nous voulions savoir, mais il daignait imformer la Compagnie qu'elle n'avait qu'à se bien tenir.... dans la stricte limite de ses statuts, sinon le Pacha n'hésiterait pas à la supprimer.

Cette épée de Damoclès dont le ministre menaçait de couper le fil, jeta l'épouvante parmi les directeurs qui vinrent porter la nouvelle au conseil d'administration. La plupart des administrateurs reçurent cette communication avec une grande indifférence, sauf MM. Oppenheim et Dervieu, — personnages énormément influents, (1) —

(1) On n'a pas idée en Europe de l'imperturbable aplomb avec lequel certaines personnes parlent de leur *influence* sur le vice-roi. A les entendre, le pacha ne mettrait pas un pied devant l'autre sans leur demander avis. Voici ce qui résulte inévitablement de ce genre de hâbleries.

D'abord des déceptions, des déboires, et le reste, pour les gens trop crédules, témoin la présente histoire de l'Agricole.

Puis, comme plusieurs de ces prétendus hommes influents n'ont pas, dans la colonie, la réputation d'être des aigles, que voulez-vous que pense le public de l'intelligence du vice-roi ?

qui promirent d'en parler à Son Altesse, et qui, en effet, obtinrent l'insertion désirée.... plusieurs mois après la demande.

Je laisse au lecteur le soin d'apprécier et de qualifier la conduite du gouvernement dans cette circonstance. Il suffira de dire les conséquences désastreuses qui en résultèrent pour nos intérêts. Quand il s'agit d'obtenir des gouverneurs du pays le droit de publier dans les villages l'ordonnance d'autorisation, ils nous firent savoir qu'il leur était impossible de reconnaître l'existence de la société. Ils avaient, disaient-ils, adressé à ce sujet plusieurs demandes au secrétariat de Son Altesse, mais sans obtenir de réponse. Bref, la Compagnie n'étant pas reconnue officiellement par les gouvernements des provinces (gouvernements déjà fort mal disposés en sa faveur par suite de la circulaire de Ragheb-Pacha (voir à la 1re partie), la société se trouvait dans l'impossibilité d'étendre ses opérations ; et grâce à toutes les lenteurs calculées qui paralysèrent son action pendant la saison favorable, l'année fut entièrement perdue.

Pendant que l'infortunée Société agricole, leurrée par de belles promesses, attendait de jour en jour la fin de ses tribulations, le commerce privé profitait de son inaction pour introduire dans le pays une quantité de machines de toutes espèces et particulièrement des pompes locomobiles. Jamais l'Egypte n'avait vu tant de machines : c'était à qui en importerait ! Les maisons Oppenheim neveu et Cie, Ed. Dervieu et Cie, Sakakini frères, Georgala, se distinguèrent entre toutes par leur zèle à faire concurence à la Société agricole. MM. Ed. Dervieu, H. Oppenheim, Georgala et Max. Sakakini étaient bien administrateurs de notre société, bah ! il n'y a pas de petits bénéfices ! Enfin le vice-roi lui-même ne dédaigna pas de se faire marchand de machines.

A ceux qui trouveraient ces façons d'agir peu compatibles avec la dignité d'un Souverain, je répondrai que l'Altesse n'en était pas à son coup d'essai en fait d'opérations du même genre, et que la boutique du vice-roi ne faisait là que changer d'enseigne. Ismaïl pacha avait déjà en plusieurs circonstances acheté des bœufs, des comestibles, des chevaux, des denrées coloniales, du beurre, qu'il cédait à ses amis et aux autres, — pour de l'argent, absolument comme le père du *Bourgeois gentilhomme.* Tant que son Altesse avait vendu du beurre ou des bestiaux étiques, je ne m'en étais que médiocrement inquiété. Je trouvais bien, comme tout le monde, que les gouvernants européens procèdent d'une autre façon, qu'ils encouragent par tous les moyens possibles le développement du commerce et de l'industrie du pays, au lieu de les monopoliser pour leur propre compte; toutefois je gardais pour moi mes réflexions. Mais du moment qu'il se mettait à vendre des machines, et à faire concurence à une société autorisée par lui, et dont j'étais le fondateur, je tenais à éclaircir mes soupçons, et je fis demander des renseignements à diverses agences de l'intérieur de l'Egypte. Quelques personnes en rapport avec M. Dervieu ne me répondirent pas, sans doute de crainte de se compromettre.

Mais j'appris d'autres agents de l'intérieur que les gouverneurs de plusieurs provinces avaient invité les chefs de villages à se réunir pour prendre connaissance des propositions de Son Altesse qui, dans sa bonté paternelle, voulait leur vendre des machines pour suppléer à l'absence des bêtes de somme presque toutes enlevées par la dernière épizootie.

Pour en finir une bonne fois, et mettre le lecteur à son aise, disons que ces invitations et toutes autres du même genre, sont des ordres absolus. Le vice-roi ne propose jamais rien : il exige. Toutefois, comme dans les villages, côte à côte avec la population indigène, existe un certain nombre d'Européens installés là pour leurs affaires particulières, et que les actes arbitraires journellement pratiqués dans le pays, d'ordre ou sans ordre du vice-roi, pourraient provoquer un *tolle* général de la part des résidants, le gouvernement a adouci ses formules : il ne dit plus « je veux ou j'ordonne, » mais « je désire ou j'in- « vite, » sûr que les administrés ne se tromperont pas sur le sens de ces euphémismes.

Ainsi, pour ne citer qu'un fait de notoriété publique, et que nous ont confirmé diverses maisons de l'intérieur, les chefs de la province de Charkieh, entre autres, furent taxés par leur gouverneur à 25 000 fr. chacun. Pour cette somme on leur livra un certain nombre de machines hydrovores, achetées à leur intention par la trop paternelle Altesse, qui eut grand soin de faire payer ces machines 50 p. 0/0 plus cher que les prix courants du commerce en Egypte. Il est vrai que lesdites machines venaient du vice-roi, et que lorsqu'un souverain daigne offrir quoi que soit à ses sujets, le cadeau est inappréciable et emprunte toute sa valeur à la haute personnalité du donateur. Mais au moins le vice-roi aurait-il dû faire graver son portrait sur chaque machine, comme cela se pratique pour les tabatières !

Toutes ces réflexions et bien d'autres me venaient à l'idée : mais une pensée surtout m'obsédait, c'était que le vice-roi, non-seulement ruinait les opérations de la Compagnie qu'il avait autorisée, abusant en cela de son pouvoir absolu sur ces sujets, mais encore qu'il se servait de mes propres moyens, résultat de mes travaux et de mes études. J'avais développé devant lui le plan de l'affaire, et comme elle lui semblait lucrative, il s'emparait de mes idées pour me faire une ruineuse concurrence.

Malgré tout, la Société agricole avait encore des chances de succès, car la terre ne manque pas en Egypte, et il fallait bien des machines pour remplacer les bestiaux frappés par l'épizootie. La maison Barrani frères, dont j'ai parlé plus haut, fut de cet avis, et me présenta un vaste projet relatif aux irrigations ; elle offrait en même temps de représenter la Compagnie dans les provinces de Zagazig et de Mansourah. Dans la situation où nous nous trouvions alors, nous membres du Comité de direction, obligés pour défendre la Société agricole de lutter contre le vice-roi, contre les gouverneurs des provinces et *contre nos administrateurs* ; dans cette situation plus que délicate, nous fûmes heureux de rencontrer des agents que leur position indépendante mettait en dehors de l'action du Pacha, et de l'influence de nos administrateurs inféodés à la cause vice-royale. D'ailleurs, j'avais sur MM. Barrani les renseignements les plus satisfaisants. Doués d'un grand esprit d'initiative, de connaissances pratiques, ils s'étaient créé dans l'intérieur du pays de nombreuses relations qui devaient être précieuses pour notre Société. Enfin, ils étaient les premiers qui s'étaient mis en rapport avec l'Agricole, et nous avaient proposé une importante fourniture de machines, fourniture qui avait été consentie. Nous acceptâmes donc leurs concours en les nommant agents de la Compagnie. C'est alors que fut signé avec cette maison un contrat dont nous parlerons tout à l'heure.

Sur ces entrefaites (août 1864) je partis pour l'Europe, d'ordre de la Société, dans le but d'étudier, de concert avec l'ingénieur de l'Administration des Forges, le projet de construction de nos ateliers de réparations. Je visitai également les principaux établissements constructeurs de France, à l'effet d'étudier les différents systèmes de machines agricoles susceptibles d'application en Egypte. Il s'agissait entre autres choses de perfectionner le système des *Sakies*, et à ce sujet, je fis part de mes observations et de mes idées à M. Mazeline, l'habile constructeur du Hâvre. — Le résultat répondit à mon attente, et quelques mois plus tard la Compagnie agricole se trouvait en possession de six Sakiés perfectionnées, à manége, suivant le système arabe, et d'une Sakié à vapeur, dont on pouvait obtenir les meilleurs résultats, avec une application sagement entendue. Je dis : on pouvait, sans ajouter qu'on l'a voulu; car, bien que lesdites machines soient arrivées en bon état à Alexandrie, je n'ai pu les faire fonctionner moi-même, ayant quitté la direction quelque temps après. Lorsque le jour vint où la Société agricole ne voulut plus faire d'irrigations, il est probable que les machines en question ont partagé mon sort. Ni moi ni elles n'avions plus de raison d'être : on les a sans doute jetées de côté, comme on m'a mis à l'écart.

Dans le cours de ce même voyage, et pendant mon séjour à Paris, M. Dervieu me communiqua verbalement une invitation du Comité de Londres à me rendre en Angleterre; j'y devais étudier une proposition de M. Young, fabricant de machines à Perth, en Ecosse. Cet industriel offrait de s'intéresser pour une somme importante dans les affaires de la Société agricole, sous condition de lui fournir, à l'exclusion de tous autres, les machines dont elle pourrait avoir besoin. Comme il convenait de laisser à la Compagnie toute liberté dans ses transactions, je dus refuser les offres de M. Young, mais j'acceptai la proposition de visiter ses ateliers de Perth, où je remarquai d'ailleurs d'excellentes machines, parfaitement applicables aux cultures égyptiennes et d'un prix peu élevé. Comme M. Young tenait à entrer en rapport avec l'Agricole, il me proposa d'envoyer à la Compagnie en Egypte un certain nombre de ses appareils, pour une somme de 500,000 fr. environ. L'offre, cette fois, était acceptable. Le concours de cet éminent constructeur pouvait rendre par la suite d'importants services à la Société, qui en outre, avait à gagner une commission de 5 p. 0/0 sur la vente des machines ainsi expédiées : ce fut donc affaire conclue.

A mon retour à Paris, je fus mis en rapport avec M. Monchicourt, ingénieur et associé de la maison Didier, G. Dervieu et Cie, et je fis, de concert avec lui, l'acquisition d'un assortiment de machines agricoles, destinées à nos magasins d'exposition d'Alexandrie et de Zagazig.

Ce voyage, comme on le voit, avait pour but l'installation d'une Compagnie d'irrigations, telle que nous l'avions fondée, telle que le vice-roi l'avait autorisée. Aussi mon premier soin, en arrivant en Egypte, fut-il de me présenter au Conseil d'administration, pour lui rendre compte de ma mission (20 octobre 1864). A mon grand étonnement, on ne me demanda rien du tout. Lorsque le Président prit la parole, ce fut pour annoncer que la Société agricole devait éviter avec soin deux écueils. « Il ne fallait, disait-il, mécontenter ni le vice-roi ni le commerce. » En thèse générale, l'idée avait son mérite; je sais qu'un

des principes de l'art nautique est de naviguer au large et
le plus loin possible des récifs. Mais des deux écueils dont
parlait le Président, un seul était pointé sur ma carte :
le gouvernement, — j'avais pour cela de bonnes raisons.
Quant au commerce, j'avoue sincèrement que j'aurais cinglé
à pleines voiles sur ce brisant inconnu, persuadé d'arriver
à bon port. Je m'étais toujours figuré, — ce que c'est que
l'ignorance ! — que le commerce de l'Egypte avait tout à
gagner aux opérations de l'Agricole.

En suite de cet encourageant exorde, M. Dervieu, le
présideut, ne manqua pas, comme de juste, de parler de
ses bons rapports avec le pacha — (vous savez, les fa-
meuses influences mentionnées plus haut !) La transition,
pour illogique qu'elle paraisse, ne manquait pas d'habileté. En faisant intervenir dans son discours le gouvernement égyptien, le président trouvait le moyen de dire
une foule de choses désagréables au comité de direction,
de critiquer ses opérations et finalement de préparer — toujours sous prétexte de céder aux désirs de l'Altesse — la
dissolution du comité actuel pour le reconstituer plus
tard avec des éléments choisis d'avance. M. Dervieu avait
justement sous la main un sien beau-frère parfaitement
propre à occuper l'emploi.

Voici donc en substance l'allocution du président. (Les
contradictions s'y succèdent rapidement : mais à cela
près !...) Il rappelait les difficultés sans nombre que la
Société, à sa création, avait éprouvées de la part du gouvernement, et *s'applaudissait du succès qui avait cou-
ronné ses efforts.*

Ici je fis, de mon côté, des efforts inouïs pour comprendre de quels succès il entendait parler. S'agissait-il
du refus du journal officiel d'insérer l'ordonnance minis-

térielle? Voulait-il faire allusion aux embarras que le ministre avait suscités à la Compagnie? ou bien aux mauvais vouloir des gouverneurs de provinces qui s'obstinaient
à ne pas reconnaître la Société; ou bien encore à la concurrence que nous faisait le vice-roi en vendant des machines et en forçant les cheicks à les acheter? J'en étais là
de mes hypothèses, quand M. Dervieu annonça :

Que par suite de la nomination de MM. Barrani frères
comme nos agents dans l'intérieur du pays, la situation
de la Société agricole vis-à-vis du gouvernement loca
était *pire que jamais*. Cette fois je ne comprenais plus du
tout.

Le morceau d'éloquence présidentielle continuait ainsi :

« La Société ne pouvait prospérer qu'à la condition de
« rester dans de bons rapports avec le gouvernement,
« et de le consulter même sur la nomination de ses
« agents. »

Comme je n'ai pas l'honneur d'être l'ami intime de
Son Altesse, je ne sais s'il a jamais dit tout ce qui se
débita en son nom dans cette séance et dans d'autres. En
tout cas, pourquoi M. Dervieu qui, en sa qualité de confi-
dent, connaissait la volonté du vice-roi de diriger la Société,
pourquoi M. Dervieu n'avait-il pas prévenu d'avance les
directeurs qu'ils n'eussent point à nommer d'agent sans
consulter les organes du gouvernement?

La Société, par suite la nomination de MM. Barrani,
était plus mal que jamais avec le vice-roi. Pourquoi plus
mal que jamais? Elle avait donc été mal, si mal même
qu'il avait fallu toute l'énergie, tous les efforts de M. Der-

---

(1) Je passe sous silence les violentes attaques dont MM. Barrani furent
l'objet de la part du président et de M. Georgala, ces accusations n'intéres-
sant directement que les personnes contre qui elles étaient dirigées.

vieu pour éloigner l'orage? Quel crime avait-elle commis avant la nomination de MM. Barrani pour mériter la foudre, si courageusement détournée par son président-paraton-nerre?

Modification des statuts, restrictions, nominations des administrateurs, elle avait consenti à tout ce qu'exigeait le pacha. Moi-même ne m'étais-je pas, sans répondre, laissé insulter par son ministre?

Enfin, car il fallait bien alléguer des griefs pour expliquer le mauvais vouloir vrai ou faux du vice-roi contre la direction, M. Dervieu reprocha aux directeurs d'abord d'avoir placé, dans une affaire qui avait rapporté 20 p. 100 d'intérêt, une partie du capital social; et, en second lieu, de faire concurrence au commerce en vendant des charbons.

Pour le coup, je compris parfaitement. Les directeurs avaient bien le droit, suivant l'article 29 des statuts, de laisser les capitaux de la Compagnie en dépôt chez M. Dervieu qui, comme banquier, donnait un intérêt de 7 p. 100 seulement — et au besoin renvoyait à quelques jours les assignations de la Société agricole (l'art. 29 n'exige pas que les banquiers soient en retard pour leurs payements); mais il était interdit à ces mêmes directeurs de confier des fonds à MM. Barrani qui les remboursèrent fidèlement à la date stipulée, et payèrent à la Compagnie un intérêt de 20 p. 100.

A cela, il n'y avait rien à répondre. « Vous êtes or-fèvre, monsieur Josse! »

Quant au reproche qui nous fut adressé de vendre des charbons, et de faire ainsi concurrence au commerce, j'avoue que les bras me tombèrent quand je l'entendis formuler. D'abord, la vente des charbons en elle-même n'a-

vait rien de contraire à nos statuts (1). La compagnie
était commerciale, puisqu'elle vendait des machines. Ce
pouvait être, en outre, une source importante de revenus,
si l'on combinait les achats et les ventes sans précipitation,
avec la facilité que donnent un capital important et la
nécessité d'avoir toujours un approvisionnement considérable de combustible. Puis il fallait cependant bien que la
Compagnie fît quelque chose. Des irrigations? Il est vrai
que pour mon compte, je le désirais ardemment; mais
puisque ce genre d'opérations déplaisait au vice-roi. Elle
devait vendre des machines aux fellahs? Fort bien! mais
tout le monde vendait des machines dans les villages, le
vice-roi, les maisons Dervieu et Cie, Oppeinhem, Sakakini
frères, Ross, Georgala, etc., tout le monde excepté la Société à laquelle les fellahs n'osaient s'adresser, parce qu'elle
n'était pas reconnue par le gouvernement!

Il est clair que si quelqu'un avait le droit de se plaindre,
ce n'était pas le commerce, comme disait le président;
c'était la pauvre Société agricole qui avait pour concur-
rent le commerce entier, y compris ses propres administrateurs et le souverain du pays.

Au milieu de ces reproches j'eus pourtant, je dois l'a-
vouer, une douce consolation. Le désintéressement dont

(1) Elle y était même implicitement contenue. Puisque nous vendions
des machines, il fallait bien aussi fournir aux particuliers de quoi les ali-
menter. Les fellahs n'allaient point, je suppose, faire venir de Newcastle,
chacun pour son compte, les deux tonnes de charbons nécessaires à la con-
sommation d'une pompe à vapeur. Il était même indispensable, si nous
voulions vendre nos appareils, d'avoir toujours à la disposition de nos
clients une grande quantité de combustible. Le prix des charbons subit, en
Égypte, d'énormes variations, que le petit cultivateur ne pourrait supporter, surtout si la houille venait à doubler de valeur au moment où il a besoin de faire fonctionner sa machine. Et si la houille venait à manquer
presque absolument, ce qui s'est vu plus d'une fois?

M. Dervieu faisait preuve au nom de la Compagnie,
cette abnégation de l'homme renonçant à entreprendre
des opérations qui pourraient créer une concurrence au
public, me touchèrent profondément : et comme cette
austérité antique de l'administrateur devait rejaillir un
peu sur le banquier, je me pris à songer que peut-être la
maison Dervieu et Cie ne traitait point d'affaires avant de
s'assurer si cela ne gênait personne; qu'elle ne profitait
jamais des bénifices de change comme les autres établissements de ce genre, parce qu'il faut toujours que quelqu'un paye l'agio, etc. Et je me trouvai bien indigne devant tant de vertu !

Sans doute le président eut conscience à la fois de sa
haute vertu et de mon indignité, car il proposa à M. Hélouis et à moi de nous retirer de la direction, et cela en
des termes que ne commandait pas la plus exquise urba-
nité ; (les hommes austères s'inquiètent peu des banales
formules de la politesse,) aussi M. Dervieu nous annonça-
t-il tout net que *nos figures déplaisaient à Son Altesse* et
que si nous tenions à l'avenir de la Société, le mieux était
de nous démettre immédiatement de nos fonctions au
bénéfice de son beau-frère, M. Richard-Kœnig. Cette ré-
siliation toute gratuite devait, à son dire, produire d'in-
calculables résultats. Le vice-roi trouvait l'œuvre digne,
grande, et susceptible de rendre au pays d'éminents services et de gros dividendes aux actionnaires. Mais il fallait pour cela que l'affaire fût bien conduite. Et qui la
pouvait mieux conduire que son beau-frère, M. Richard
Kœnig? C'était là une communication qui n'avait rien de
flatteur pour nous, les directeurs ; mais il fallait bien par-
donner à la franchise un peu brutale du Caton égyptien!
D'ailleurs, la figure du beau-frère convenait infiniment

mieux que les nôtres à Son Altesse, et c'était moins que
jamais l'occasion de discuter des goûts.

Malgré toute mon admiration pour l'austérité présidentielle, il me venait des doutes sur les bons résultats de
l'entreprise, telle qu'on voulait nous la faire accepter.
M. Dervieu était le plus vertueux des hommes, je n'allais
pas à l'encontre ; mais il avait suffisamment bien mené
ses affaires personnelles depuis quelques années pour que
je fusse autorisé à croire en son habileté, au moins autant
qu'en sa vertu ; et le moyen de supposer qu'un homme
expérimenté, connaissant l'Egypte, puisse fonder quelques
espérances sur l'avenir d'une Société bornant ses opérations à vendre des machines, alors que tout le monde
pouvait faire la concurrence ; — (et il savait aussi bien
que personne à quoi s'en tenir sur l'efficacité d'une semblable concurrence). Donc pour lui, comme pour moi,
comme pour tout le monde, la véritable source de revenus
pour l'entreprise, c'étaient les irrigations.

Mais alors, dira-t-on, comment s'expliquer cette obs-
tination de M. Dervieu à éloigner les fondateurs de l'entreprise qui poursuivaient le véritable but de la Société ?
Ici nous pourrions répondre par le proverbe, » qu'il est
avec le ciel des accommodements, » ce qui a pu permettre
au vice-roi de s'accommoder avec M. Dervieu, bien que ce
dernier soit la vertu même. Il vaut mieux avouer pour
ne médire de personne, que notre président n'était pas
fâché de placer un de ses parents, dût la Société se trouver grevée d'un traitement exhorbitant, attendu que les
actionnaires payaient, et qu'il n'est point défendu de faire
du bien à ses proches, — surtout quand il n'en coûte
rien... à soi-même.

Pour mon compte, je n'ai jamais contesté le mérite

personnel de M. Richard-Kœnig, ni les éminentes qualités dont parlait le président. Qu'il soit habile, expérimenté dans les sciences techniques, ami intime du vice-
roi, je le souhaite, tant mieux pour lui ! Mais comme
d'après les statuts, le conseil d'administration n'avait pas
le droit, avant cinq ans, de renouveler le comité de direction, la motion du président, malgré toute mon admiration pour son caractère, ne laissa pas que de provoquer
chez moi un certain trouble, — trouble qui se manifesta
par une protestation en règle où je mentionnai les dispositions statutaires qui viennent d'être énoncées.

Toutefois, il me répugnait — en acceptant pour vraies
les allégations du président, — que ma personne fût un
obstacle aux bonnes intentions du vice-roi à l'endroit d'une
Société que j'avais fondée. J'offris donc ma démission de
directeur, mais à la condition de n'être plus fondateur.
Car les affaires prenaient une tournure qui ne me rassu-
rait point au sujet de mes capitaux particuliers, et d'un
autre côté, je ne voulais garder aucune responsabilité vis-
à-vis des actionnaires engagés dans l'entreprise, alors que
la direction passait en d'autres mains. Je sacrifiais mes
intérêts propres au succès de la Société ; mais ne dirigeant
plus rien, je ne pouvais plus être responsable de l'avenir.

Si le président avait été plus explicite, s'il nous avait
dit franchement que le vice-roi voulait lui-même diriger
l'affaire, je n'aurais point fait tant de réserves, j'aurais
laissé mes fonds dans l'entreprise, attendu que Son Altesse
est un excellent directeur-général. Je n'en veux d'autre
preuve que l'accroissement de sa fortune personnelle qui,
en moins de trois ans de règne, s'est élevée, rien qu'en biens
territoriaux, de *trente* à QUATRE CENTS MILLIONS.
Mais il me semblait qu'en faisant nommer son beau-frère

directeur-général, le président voulait s'assurer à lui-même
la haute mission dans l'affaire, et je dois le dire, malgré
tout mon respect pour M. Dervieu, j'aimais mieux savoir
mes capitaux à ma disposition qu'à la sienne, et vis-à-vis
des actionnaires je ne tenais pas à répondre de ses faits et
gestes.

Il paraît que ma retraite comme fondateur de la Société
ne faisait pas le compte de tout le monde ; car, tout en
approuvant la proposition du président qui me conseillait
ma démission de directeur, M. Henri Oppenheim, trouva
les meilleures raisons pour soutenir que je n'avais pas le
droit d'abdiquer ma position de membre fondateur de
l'Agricole. C'était me forcer à *ponter* dans une partie
dont je ne devais pas voir les cartes. Décidément, on en
voulait à ma bourse. « Puisque j'étais, disait-on, le pro-
« moteur de l'affaire, je ne pouvais, sans porter le plus
« grand préjudice à la Société, sans être en contradiction
« avec moi-même, sans démentir mes promesses de suc-
« cès, refuser mon concours et mes connaissances spé-
« ciales au succès de l'œuvre. » Je cite ce fait à titre de
pure curiosité, car l'incident n'eut point de suite, du moins
dans ce sens.

Et en réalité, je ne refusais pas d'employer toutes mes
forces à faire réussir une entreprise créée par mon initiative. Seulement, n'étant plus le maître, comme je l'ai
dit, je tenais à n'y aventurer ni ma fortune personnelle,
ni ma responsabilité. Cette situation une fois bien établie,
comme M. Ruyssenaërs, faisant fonctions de président, annonça au conseil qu'il était important de conserver à la Société « les études et les connaissances spé-
« ciales de M. Lucovich, promoteur de l'affaire, » je me
résignai à accepter les fonctions de contrôleur général,

titre qui me donnait, suivant le vœu des administrateurs,
la haute surveillance sur toutes les opérations techniques qu'on pourrait entreprendre. On verra par la suite
comment furent utilisées lesdites études et connaissances
techniques.

Dans l'intervalle, le conseil d'administration avait ra-
tifié la nomination de M. Richard-Kœnig au titre de directeur technique et d'inspecteur général. (Le lecteur
voudra bien ne pas perdre de vue qu'on avait promis
monts et merveilles de la nouvelle direction; qu'on avait
surtout insisté sur la volonté expresse du vice-roi qui voyait
M. Richard d'un œil si bienveillant.)

Ce fut là sans doute un coup de maître pour les intéressés, mais le résultat le plus net de l'opération, c'est
que le budget de la Société agricole se trouva tout d'un
coup grevé de 62 500 fr., savoir : 37 500 fr. de traitement affecté à M. Richard (traitement que j'avais refusé,
on se le rappelle, ne voulant accepter de rémunération que
sur les bénéfices de l'affaire), et 25 000 fr. alloués à
M. Anslyn; car, bien qu'on eût reproché à la direction
démissionnaire d'avoir fait du commerce, le besoin d'un
directeur commercial se faisait généralement sentir. Il est
juste de dire qu'en cette circonstance le conseil d'administration fit preuve d'une délicatesse chevaleresque. Ainsi
M. Dervieu refusa toute intervention dans la nomination
de M. Richard-Kœnig, son beau-frère, et M. Ruyssenaërs
fut muet comme la tombe lorsqu'il s'agit d'appuyer son
ami, M. Anslyn. Comme on le pense, le conseil d'administration n'eut point assez d'éloges pour tant de désintéressement; mais chacun des deux protecteurs vota, en bon
collègue, pour le protégé de l'autre. « Passe-moi la casse,
je te passerai le séné. »

Une seule personne eût sans doute protesté, M. Hélouis, mais en sa qualité de directeur, qui ne lui donnait pas voix délibérative, il se contenta de dire qu'il. était forcé de s'incliner devant la décision du conseil (1).

Quant à moi, je me bornai à répondre « que mon seul « but était la prospérité de la Société. Je consentais donc « à abandonner la direction, dans l'espérance que le vice- « roi, voyant à la tête de l'affaire des hommes de son « choix, et désignés par lui-même, ne saurait refuser sa « protection à une entreprise que son intérêt était de pro- « téger, s'il en comprenait l'importance pour l'avenir de « son pays. »

Pourtant, ma confiance en Son Altesse n'allait pas jus- qu'à risquer de perdre tout ce que je possédais dans une entreprise placée désormais en dehors de mon action. Bien m'en a pris, car la suite des événements qu'on va lire n'a que trop justifié ma méfiance.

Ici prennent fin mes fonctions de directeur. Avant de parler de la façon dont mes successeurs conduisirent la barque de l'Agricole, il convient de dire dans quelles conditions se trouvait la Société quand je la remis entre leurs mains. Ce sera le premier terme d'une comparaison que je laisse aux lecteurs le soin de déduire.

Ma gestion dura six mois qui furent presque employés en voyages et en installation de la Compagnie. Malgré les obstacles suscités par le gouvernement, malgré les oppo- sitions que je rencontrais dans le conseil d'administration, malgré les difficultés de toutes natures inhérentes à l'éta- blissement d'une entreprise de cette importance, le co- mité de direction réussit dans ce court espace de temps à

(1) Le fait est constaté dans le procès-verbal de la séance.

traiter un certain nombre d'affaires avantageuses, et à conclure plusieurs contrats d'irrigation que la nouvelle direction n'avait plus qu'à exécuter en suivant la ligne tracée
d'avance (1).

Les frais généraux, y compris ceux de premier établissement ne dépassaient pas 220 000 fr., et en fin d'un si court
exercice, le bilan présentait déjà un excédent de recettes
suffisant pour donner un dividende aux actionnaires. Le
capital social était intact. Les cinq millions versés par les
souscripteurs (un cinquième du fonds social), étaient re-
présentés par un million environ en matériel, machines,
terrains et constructions, et le reste en effets de porte-
feuille et en dépôt chez les banquiers (2).

De tout cela, le bilan fait foi, qui fut publié à la fin de
la gestion de la première direction, donnant à l'actif un
bénéfice de 315 117 P. T. 15 p. Depuis, il est vrai, un second bilan, embrassant une période de trois mois, de jan-
vier à mars 1865, a été livré à l'admiration des actionnaires. Cette dernière situation présente un excédent de
recettes de 2 351 760 P. T. 19 p., excédant qui ferait le

(1) Une des plus importantes affaires de ce genre avait été entamée par
l'ancienne direction avec le prince Halim-Pacha pour l'irrigation de sa
grande propriété de Kafr-er-Cheick. Il ne s'agissait rien moins pour la
compagnie que d'un revenu annuel de 12 pour 100 *sur le capital déjà versé.*
Les nouveaux directeurs se rendirent auprès du prince Halim pour conclure
l'affaire. Le vice-roi, toujours bienveillant pour l'Agricole, s'empressa de
prévenir le prince, par l'entremise de M. Ross, administrateur de la compagnie, (*nota bene*) qu'il aurait tort de traiter avec la société, *qui ne man-
querait pas de lui manger sa propriété à coups de pistons.* (Textuel.)

(2) Le seul acte de la gestion qui ait pu être controversé a été l'acquisition d'une certaine quantité de charbon, et encore des négociants, MM. Barrani, se présentèrent-ils, pour acquérir ce charbon à des conditions avantageuses pour la société, et le directeur commercial ne peut pas le nier. Si,
depuis, la direction nouvelle a jugé à propos de vendre ce charbon à des
prix désastreux, nous n'y sommes pour rien. Nous avions laissé une bonne
affaire : tant pis si nos successeurs en ont fait une spéculation lamentable

plus grand honneur à la direction nouvelle, si l'on ne se
donnait la peine de rétablir les faits dans leur vérité ri-
goureuse. Le prétendu bénéfice dont il s'agit, doit être
porté tout à l'honneur de la première direction, car il
provient de la vente des terrains de Moharrem-Bey. Or ces
terrains furent acquis par le comité de fondation qui
paya même sur le prix d'acquisition une des quatre
échéances, soit fr. 250 000, mais qui ne vendit pas ces
terrains, dont une partie était utile alors, tant pour la
construction des ateliers, que pour une transaction prémé-
ditée avec le chemin de fer de Rosette, transaction qui
n'aurait pas manqué d'augmenter encore la valeur des terrains restants. Depuis qu'on ne fait plus d'irrigations, les
ateliers sont devenus inutiles : la transaction avec le chemin de Rosette n'a pas eu de suite. La direction nouvelle
qui n'a point conclu l'affaire, qui n'a même pas payé un
centime du prix d'achat, n'a eu que la peine de vendre
des terres qu'on demandait de tout côté : le bénéfice provient donc uniquement du fait des premiers directeurs.

III.

Nous allons maintenant passer en revue les heureux
résultats des réformes préparées de longue main par le
Pacha et le conseil d'administration de la Compagnie.
Comme les conclusions vont se déduire d'elles-mêmes,
bornons-nous à suivre l'ordre des faits, qui contiennent
en eux leur moralité, et continuons l'historique de la Société agricole.

J'ai dit que l'administration avait acheté antérieurement les terrains de Moharrem-Bey pour y construire ses ateliers ; mais à la suite d'un rapport de M. Laurençon, l'ingénieur en chef, on jugea utile de faire l'acquisition de nouveaux terrains. A l'appui de la modification qu'il proposait, M. l'ingénieur en chef donnait de fort bonnes raisons. En effet, la combinaison projetée d'établir les ateliers de la Société, concurremment avec ceux du chemin de Rosette, n'étant plus possible, il devenait trop onéreux pour l'Agricole de supporter à elle seule les frais de creusement d'un canal et d'un bassin. On fit donc choix, pour la construction des ateliers, de la propriété de Garbi, qui fut acquise pour une somme de 250 000 fr. environ. Cette combinaison permettait de mettre en vente les terres de Moharrem-Bey ; c'est de là que provinrent les bénéfices consignés dans le bilan publié par la direction nouvelle à la date du 31 mars 1864. L'avenir dira si ce sont des bénéfices réels.

Vers la même époque, M. Richard Kœnig qui, on se le rappelle, occupait la place que ma démission — un peu forcée, — avait laissée vacante à la direction, vint me proposer de lui céder diverses entreprises de travaux hydrauliques qui m'avaient été concédées par le vice-roi, antérieurement à la constitution de l'Agricole. Sans doute, mon successeur, qu'on disait si hautement protégé de Son Altesse, comptait mener à bien lesdites entreprises. Quant à moi, — *ma figure déplaisait au vice-roi,* — je n'avais pu, malgré la parole donnée à S. Exc. Nubar-Pacha, ministre des travaux publics, obtenir seulement l'autorisation de commencer les travaux.

J'acceptai donc les offres ; il valait mieux céder mes droits que d'intenter un procès au gouvernement égyptien; mais je stipulai, comme condition, que M. Richard Kœnig (agissant alors pour le compte de M. Ed. Dervieu), prendrait en même temps, au pair, mes actions de fondateur de la Société agricole. J'ai déjà expliqué, plus haut, que je tenais à me dégager complétement des affaires de la Compagnie, et certaines circonstances hâtèrent ma détermination.

Je continuais à remplir, auprès de la Compagnie, les fonctions de contrôleur général, qui m'avaient été dévolues à ma sortie de la direction, — c'est-à-dire que je continuais à ne pas contrôler, attendu qu'on ne soumettait rien à mon contrôle. De son côté, le Conseil d'Administration prenait des loisirs, et quoique les statuts prescrivissent aux Administrateurs de se réunir tous les quinze jours, trois mois s'écoulèrent sans qu'il fût tenu aucune séance. Du reste, c'est l'affaire des Actionnaires et non la mienne.

Somme toute, comme il ne me fut fait aucune communication, je ne savais absolument rien de ce qui passait. Mais j'appris par la rumeur publique, qu'un certain projet s'élaborait en silence; de paroles en paroles, les rumeurs prirent de la consistance. Il s'agissait, disait-on, entre M. Basevi, entrepreneur de constructions, à Alexandrie, et les banquiers de la Compagnie, d'une combinaison qui devait être particulièrement agréable à ces derniers. Dans le principe, je ne comprenais pas du tout qu'une combinaison fût possible entre un entrepreneur de constructions et une Société destinée à faire des irrigations, encore moins qu'elle pût être agréable aux banquiers de ladite Société. De toute façon, je me hâtai de céder mes droits.

La cession fut conclue par double contrat, en date du 10 mars 1865.

Ce ne fut pas une brillante spéculation que je fis-là!

Ainsi, j'abandonnais à M. Richard-Kœnig, tous mes droits passés, présents et futurs dans la Société, y compris l'intérêt de 6 p. 0/0 sur les bénéfices, stipulé en ma faveur par les statuts, le tout moyennant *mille francs.* (Il est bon de remarquer qu'au moment de ladite cession, il me revenait de ce chef, une somme de vingt mille francs environ, sans compter d'autres bénéfices dont la Société avait profité, pour des affaires conclues personnellement par moi, et que j'avais laissées à la Compagnie, lors de son installation). Je perdais donc, d'un trait de plume, le fruit de mon travail, mon temps, mes longues études, les bénéfices que j'avais le droit d'espérer d'une entreprise fondée par moi avec les meilleurs chances de succès. Ajoutons-y, mais seulement pour mémoire, les résultats brillants promis par le Président, car de ceux-là je n'aurais pas donné une obole.

En revanche, j'y gagnais ma tranquillité. On me remboursait, au pair, l'argent de mes actions qui me semblait un peu aventuré; et je m'estimai fort heureux d'en être quitte à ce prix. Puis j'avais, en tout cela, la consolation suprême de voir M. Dervieu conclure une excellente affaire. On n'a pas oublié l'austère Président qui nous reprochait, en plein Conseil, de faire concurrence au commerce. Tant de vertu devait finir tôt ou tard par être récompensé. La cession de mes droits était pour lui une sorte de prix Monthyon destiné à payer tout un passé d'abnégation et de désintéressement. Que M. Dervieu soit franc, et il avouera que sa maison de banque, en deux ans, ne lui rapporte pas ce que lui valut mon contrat avec M. Richard-Kœnig.

Mon seul regret — il n'est pas de joie sans mélange! — c'est que les actionnaires de l'infortunée Société agricole,

aient dû, cette fois encore, payer les violons. Ainsi,
M. Richard Kœnig céda les droits qu'il avait acquis de
moi, à M. Dervieu, qui les rétrocéda à la Société agricole,
après avoir prélevé, sur l'ensemble de l'opération, un bénéfice honnête de *trente pour cent* (1). Les mauvaises
langues prétendent bien qu'en cette circonstance, le Président avait — comme dans la fable — gardé pour lui la
chair et laissé les os aux actionnaires; ils firent même, à
ce propos, des gorges-chaudes, en citant les mémorables
paroles prononcées par M. Dervieu, dans la séance du
29 octobre 1864 : « Que l'intérêt particulier doit toujours
céder devant l'intérêt général. » Pour moi, qui ne me fais
pas l'écho des méchants propos, je trouve qu'il est déjà
très-beau de formuler de semblables maximes. Si l'on était
tenu de faire tout ce que l'on dit !...

Reprenons l'historique de la Société.

Le Président ouvrit la séance du 20 mars 1865, par
un discours du plus bel effet, et qui commençait ainsi ;

« La Société bien qu'entourée des sympathies du gou-
« vernement, éprouve des difficultés dans le *développement*
« *de ses entreprises*, et cet état de choses déjà préjudiciable
« à ses intérêts, *pouvant se prolonger*, et devenir un
« danger, il (le Président) s'est occupé de rechercher de
« quelle manière il serait possible d'imprimer à ses opé-

---

(1) Le lecteur voudra bien remarquer que je n'avance rien sans preuves.
J'ai en main, et à la disposition des actionnaires, du public, et de la justice
s'il y a lieu, tous les documents, lettres, procès-verbaux, pièces, etc., éta-
blissant de façon indiscutable la véracité des faits relatés dans cette notice.
Que si l'on s'étonnait du ton parfois burlesque employé pour énoncer
divers actes d'une haute gravité, je répondrai que les bouffonneries sérieusement débitées en plusieurs circonstances par quelques administrateurs de
l'Agricole, — et les procès-verbaux des séances en font foi, — ne me permettent guère d'autre genre de discussion. Puis, à l'exemple de Figaro, j'ai
pris le parti de rire de certaines choses, *pour n'être pas obligé d'en pleurer.*

« rations une activité qui lui fait défaut, tout en lui con-
« servant l'avantage de ses statuts. »

Ce triomphant exorde mérite d'être examiné en détail,
ne fût-ce que pour faire connaître les moyens dont se
servit le Président, pour arriver, avec l'aide des siens, à
détourner la Société agricole de son véritable but, c'est-à-
dire les irrigations. Le lecteur verra, en même temps,
se dessiner, nette et précise, l'intervention du vice-roi dans
les affaires de la Compagnie. Le Président n'est là qu'un
instrument ; c'est la main du pacha qui le dirige.

Et, en effet, que croire dans ce fouillis de contradictions ?

S'il est vrai que *la Société soit entourée des sympathies
du gouvernement*, comment expliquer qu'*elle éprouve des
difficultés dans le développement de ses entreprises ?* De
quelle part viennent ces difficultés ? Du gouvernement ?
Mais le président annonce que la Société a toutes ses
sympathies. Elle a d'ailleurs payé assez cher pour les
obtenir. N'a-t-elle pas, en vue de cette précieuse bienveillance, sacrifié MM. Lucovich et Hélonis, arrêté ses
opérations de prêt dans les villages, paralysé l'action de
MM. Barrani frères, ses agents, qui ne plaisaient point au
vice-roi, et enfin nommé un directeur réunissant toutes les
qualités voulues par le conseil d'administration, et au dire
même du président, fort bien vu de Son Altesse ? Mais
alors puisque la Société éprouve des difficultés, à qui s'en
prendre, si ce n'est au conseil d'administration et à la nouvelle direction ? Voilà les vrais coupables, les vrais agents
responsables, et coupables d'autant plus que, de l'aveu du
président, la Compagnie agricole est « une œuvre digne,
« grande et susceptible de rendre au pays d'éminents ser-
« vices et de procurer des bénéfices considérables aux

« actionnaires, SI ELLE EST BIEN CONDUITE. » C'était à n'y
rien comprendre ! Pourquoi donc avoir dit à l'ancienne
direction qu'elle devait éviter avec soin deux écueils, le
gouvernement et le commerce ? ces deux écueils existaient-
ils réellement, ou bien n'y en avait-il qu'un seul, le *gou-*
vernement, contre lequel la Société venait de briser sa
barque, bon prétexte pour exiger d'elle de nouveaux sacrifices ? Et quels sacrifices ? et au profit de qui ?

Le procès-verbal de la séance du 20 mars va nous aider
à sortir de ce labyrinthe.

« Le président — y est-il dit, — propose d'ajouter aux
« opérations déjà autorisées, les constructions de toute
« nature, publiques et privées, et cela *après en avoir*
« *obtenu l'agrément de Son Altesse* (qu'on vienne dire en
présence de cet aveu que le vice-roi ne se mêlait pas des
affaires de la Société ! mais attendons la fin). « Il soumet ces
« propositions à l'approbation du conseil d'administration,
« avec l'assurance que, lancée dans cette voie nouvelle,
« la Société *peut compter sur la protection efficace du*
« *gouvernement égyptien*, et que *personnellement Son Al-*
« *tesse lui réserve une préférence* EXCLUSIVE. » Voilà des
promesses, j'espère, bien officielles, et qui ne laissent aucun doute sur l'intervention du Pacha. Assurément le
président a dû être autorisé à les prononcer.

« Pour pouvoir mettre à exécution les opérations sus-
« dites, le président offrait d'acquérir l'etablissement
« Basevi, ajoutant que Son Altesse avait exprimé le désir
« que désormais *tous les travaux du gouvernement fus-*
« *sent confiés à un seul entrepreneur*; d'ailleurs, M. Ba-
« sevi avait certifié à la Compagnie qu'elle réaliserait de
« ce chef un bénéfice de 20 p. 0/0. »

Je ne sais comment notre honorable président traite les

affaires quand ses intérêts particuliers sont en jeu. Mais il
me parut singulier qu'en patronant une entreprise auprès
de l'Agricole, il appuyât si fort sur les assertions de
M. Basevi. Il est incontestable que le vendeur ne déprécie
jamais sa marchandise ! Avouez, cher lecteur, que malgré
la meilleure volonté, il était impossible de croire que notre
vertueux président n'eût aucun intérêt à faire signer le
contrat.

« Toutefois, dit toujours le procès-verbal, comme le
« nouveau genre d'opérations nécessitait des capitaux,
« Son Altesse autorisait l'émission d'obligations au por-
« teur. »

C'est là, on en conviendra, un singulier remède pour
une Compagnie qui éprouve des difficultés dans ses propres
opérations, que d'entreprendre d'autres travaux, alors que
ces travaux, outre le prix d'acquisition, représentant à peu
près l'actif disponible, l'obligent encore à se créer de nouvelles ressources.

Un peu de patience encore, car nous approchons du
dénoûment. Cette longue comédie allait finir, dont le Pacha
avait lui-même tracé le scénario.

M. Cicolani, un des administrateurs, s'émut en voyant
les choses prendre cette tournure, car il devenait évident
qu'une autre Société tendait à se substituer à la Compagnie agricole ; aussi exprima-t-il le désir que la Société
continuât, comme par le passé, à fournir de l'eau à l'agriculture. Ce fut l'unique et bien humble protestation en
faveur de l'entreprise ; mais ce cri suprême de la bonne
foi fut étouffé par les frénétiques applaudissements d'une
claque triomphante, lorsque le président arriva à la pé-
roraison.

« En échange, disait-il, de tant de faveurs de la part

du gouvernement, et de Son Altesse en particulier, la Société devrait bien faire un léger sacrifice — QUI NE TOUCHAIT EN RIEN AUX STATUTS!! Il ne s'agissait que d'une modification insignifiante, presque rien, c'est à dire de de supprimer dans l'article 5 des statuts, les mots *hydrauliques perfectionnés et irrigations.* Or, l'article 5 renferme précisément — et cela dans les trois mots qu'il s'agissait de faire disparaître — tout le but de la Société.

Cette fois, du moins, la proposition avait le mérite de la franchise. Le président ne s'était plus donné la peine de dissimuler : il convenait hautement que le vice-roi ne voulait point des irrigations, puisque lui, le président, ne proposait de les supprimer que pour être agréable à Son Altesse.

La farce était jouée.

N'étaient la haute vertu du président et son austérité bien connue, je serais porté à croire que sa belle conduite dans toute l'affaire lui valut des preuves sonnantes de bienveillante du vice-roi. Mais sans doute, nouvel Hippocrate, il aura refusé les présents d'Artaxerxès. *O tempora! ó mores!*

En face d'un fait accompli, il ne me restait que la ressource de protester : et je ne m'en fis pas faute. Aussi, dans la séance suivante (5 avril) je m'élevai hautement contre les flatteries prodiguées au Pacha par nos administrateurs en remercîment de sa prétendue sympathie pour la Société. Je déclarai donc — et mes paroles sont consignées au procès-verbal — « que le gouvernement, au lieu « d'encourager une entreprise qui avait pour but de déve- « lopper puissamment la fortune publique, ne lui a non « seulement prêté aucun concours, mais encore en avait « contrarié l'application. »

M. Ruyssenaërs, administrateur, me répondit en ces termes :

« J'ai constamment entendu le vice-roi témoigner beau-
« coup d'intérêt pour la Société, *mais il est vrai que, quant*
« *aux irrigations, S. A. s'est toujours tenue sur la ré-*
« *serve.* »

« M. Ruyssenaërs ajoute que, malgré la conviction où
« est le Conseil sur les bienfaits que procurerait à l'Egypte
« l'irrigation des terres, *telle que la conçoit M. Lucovich*, il
« ne peut s'empêcher de *respecter l'abstention* d'un prince
« aussi éminemment éclairé que Son Altesse le vice-roi ;
« qu'il est de notoriété publique que Son Altesse possède
« et professe les connaissances les plus élevées en écono-
« mie générale et particulièrement rurale ; qu'il est
« donc indubitable que *l'indifférence* apparente que té-
« moigne le gouvernement Egyptien à la propagation de
« l'arrosage des terres, au moyen des machines, repose sur
« quelque haute considération d'intérêt public qui lui
« échappe ; que néanmoins la nécessité est très-bien posée
« dans l'esprit du vice-roi, et la preuve en est, dit-il, dans
« l'autorisation qu'elle vient d'obtenir de s'adjoindre une
« nouvelle branche d'affaires qui lui assure, d'une *manière*
« *absolue*, la clientèle du gouvernement pour tous les
« grands travaux publics. »

J'ai trouvé utile de consigner ici la réplique de M. Ruys-
senërs, parce que sa déclaration, conforme d'ailleurs à
d'autres aveux précédemment faits par notre Président,
prouve :

D'abord, que dans la conviction des membres du Conseil,
les irrigations avaient toujours été le but principal de la
Société, but éminemment profitable aux actionnaires et au
pays en même temps. — En second lieu, que non-seule-

ment le vice-roi ne donnait pas son appui à une Compagnie par lui autorisée, mais encore qu'il usait de tout
son pouvoir pour l'empêcher de faire des irrigations,
secondé en cela par la connivence de la majorité du Consei
d'administration.

Puis les faits une fois bien constatés je vais déduire la
morale, et les honnêtes gens seront de mon avis.

Sur la foi d'une promesse du vice-roi d'Égypte, sanctionnée par l'autorisation signée de son ministre, une
Compagnie s'est formée. (J'insiste sur l'autorisation ministérielle; car si, selon le proverbe « parole de roi vaut
mieux que contrat signé, » il n'en est malheureusement
pas ainsi lorsqu'il s'agit de certain vice-roi.) Des particuliers ont engagé leurs capitaux dans l'entreprise : Puis
un beau jour il convient audit vice-roi de sanctionner la
violation des statuts qu'il avait approuvés. En bonne
conscience n'est-il pas évident que, par de semblables
procédés, le vice roi assume une singulière responsabilité
morale, en admettant que les actionnaires soient assez
indulgents pour ne pas le rendre financièrement responsable ?

Ce n'est pas tout. Que diront le commerce et l'industrie
privée — je ne parle pas des indigènes qui ne disent
jamais rien, et pour cause ! — en voyant le Pacha octroyer
des priviléges et sa faveur particulière à une Compagnie,
alors que l'ordonnance ministérielle autorisant cette même
Compagnie avait nettement spécifié ne vouloir rien
accorder de semblable? (Il est vrai que dans ce sens je
n'avais non plus rien demandé, pour ne pas créer un pré-
cédent fâcheux et contraire au noble programme du vice-roi.)

Ne sait-on pas que les monopoles sont la source de
contestations sans fin, et une sorte de prime à la

corruption individuelle ? Le vice-roi en est persuadé plus
que toute autre. Il n'ignore pas que les agents d'un gouvernement n'ont jamais réalisé aucune amélioration dans
le sens économique. Cela est si vrai que tous les chefs
d'État en Europe ont renoncé au système protectionniste,
système absurde, qui détruit l'initiative individuelle, entrave le commerce et l'industrie, et, par suite, devient un
obstacle à l'accroissement de la fortune publique et au
progrès, véritable couronnement de l'édifice social.

Enfin, on conviendra avec nous que le vice-roi, en
agissant ainsi, a non seulement fait une mauvaise action
et une mauvaise affaire, mais encore a commis une faute
politique impardonnable. C'est l'éternel vice de la prétendue
finesse orientale qui dépense en roueries de Scapin, en
diplomatie de laquais fautif, une activité réellement remar-
quable, tout cela pour aller donner du nez contre des
obstacles que l'honnêteté franchit sans y penser.

J'ai dit une *mauvaise action* parce qu'Ismaïl pacha, a mis
tout en œuvre pour empêcher la Société agricole de faire des
irrigations en Egypte. Or les bras manquent dans le pays,
et l'épizootie de 1863 ayant enlevé tous les bestiaux employés à élever l'eau nécessaire à la culture, une partie
des terres reste en friches, du fait de son Altesse,
et la pauvreté des habitants s'accroît d'autant.

Une *mauvaise affaire* ; car les traités de 1840 ayant
constitué le vice-roi fermier de l'Egypte, plus le pays rapporte, et plus il entre d'argent dans les coffres du Pacha.
D'ailleurs la Société agricole devait, grâce à ses opérations,
économiser 30 pour 0/0 des forces manuelles actuellement
employées à l'agriculture, ce qui permettait à Ismaïl-Pacha
de prélever, pour ses propriétés personnelles, la *corvée* ordinaire de 10 pour 0/0 sur le nombre des travailleurs, sans

trop faire crier ses sujets : tandis que ses sujets disent à
qui veut les entendre, (pourvu que ce ne soit pas un employé du Pacha) que le vice-roi les écorche. Il restait en
outre 20 pour 0/0 des bras économisés par l'Agricole, qui
pouvaient s'utiliser à de nouvelles cultures et produire à
l'État de nouveaux bénéfices. J'ai parlé de la corvée,
parce que, selon toute probabilité, le vice-roi a battu en
brèche la Société agricole, craignant que dans les centres
où elle s'établirait, la présence d'un grand nombre d'Européens ne le gênât dans le prélèvement de ses dîmes, ou
encore qu'elle n'employât les hommes qu'il destinait à cultiver ses propriétés particulières.

Enfin j'ai dit qu'Ismaïl avait commis une *faute politique*
impardonnable à son point de vue : je m'explique. Personne n'ignore le peu de sympathie d'Ismaïl Pacha pour les
Européens : son plus beau jour, — qu'il ne verra pas,
Dieu merci ! — serait celui où le dernier des résidants
partirait par le dernier paquebot. Ce n'est point ici le lieu
de récriminer contre cette opinion toute personnelle, qui
finira, tôt ou tard, par jouer quelque mauvais tour au per-
sonnage qui la professe. En tout cas l'Agricole lui four-
nissait le moyen de réaliser son rève. La Compagnie devait
centraliser ses forces dans une, deux ou trois localités; elle
y installait quelques machines puissantes, nécessitant le
concours d'un petit nombre d'agents, ingénieurs, mécaniciens, etc. Peu à peu, elle eût formé des élèves indigènes, — car les Arabes se paient moins cher que les
étrangers qu'on a dû déplacer, souvent à grand frais, — et
au bout de quelques années l'Egypte pouvait se passer
du concours des Européens pour les travaux mécaniques d'irrigation.

Au lieu de cela qu'a fait le Pacha? Il a vendu de tous

les côtés des machines à ses sujets. Ces machines que les
indigènes ne savent pas faire fonctionner, ont occasionné
en Egypte une véritable invasion de mécaniciens, chauf-
feurs, agents Européens. Il est vrai que les nouveaux
venus ne pouvant pas s'accoutumer à la vie par trop pri-
mitive des Arabes, non plus qu'à la solitude, sont revenus
à Alexandrie, et que les machines ont été jetées de côté
par les propriétaires qui n'en savaient plus que faire;
mais quand on est en Egypte, c'est pour longtemps. Les
Européens venus pour monter ou diriger des machines,
sont restés dans le pays et y font autre chose. Le seul
résultat de la spéculation du vice-roi, — outre l'argent
qu'il a pu encaisser, — c'est que les pauvres fellahs ont
fait une spéculation désastreuse :

Quid quid delirant reges, plectuntur Achivi !

Comme tant de maladresses seraient inexplicables, nous
aimons mieux, pour l'intelligence du vice-roi, croire qu'il
poursuivait un autre but. Comme l'affaire lui semblait
bonne, il est supposable qu'il tenait à conserver le monopole des irrigations en Egypte, soit pour son propre
compte, soit en provoquant la fusion de l'Agricole avec
une autre société. Cette dernière supposition aurait assez
de vraisemblance; car cette idée de fusion se trouve
énoncée tout au net dans les nouveaux statuts, tels qu'ils
furent établis, — je veux dire violés — ultérieurement.
Je laisse au lecteur le soin de formuler son opinion sur la
façon d'agir du Pacha en cette occurence. Mais au moins,
pour mener l'entreprise à bien, fallait-il s'assurer le
concours d'hommes pratiques et pourvus d'aptitudes spéciales. Et il me semble que là encore le vice-roi n'a
point fait preuve de cette intelligence qu'on lui prête, —
bien gratuitement, n'est-ce pas ?

Cependant, ainsi que je l'ai dit, la nouvelle direction avait pris la suite des affaires que nous lui avions laissées. Je le répète, à notre départ, le capital social était intact, représenté par des valeurs chez les banquiers, des prêts à des maisons solvables, des constructions, du matériel, et un approvisionnement de charbon dont on nous avait proposé l'acquisition au prix fort acceptable de 105 fr. la tonne. Le président s'était vivement élevé contre cette immobilisation d'une partie du capital, soit environ un million de francs. Ce qui n'a pas empêché la Compagnie, depuis notre départ, de faire de nouvelles spéculations sur le charbon. Mais passons là-dessus, et acceptons comme mérités les absurdes reproches qui nous furent adressés à cette époque. Cette immobilisation momentanée d'un cinquième environ du capital laissait à la disposition de nos successeurs un solde de 4 millions de francs.

Qu'est devenue cette somme? Existe-t-elle encore à la disposition de la Compagnie? Le conseil d'administration devra, à cet égard, rendre ses comptes aux actionnaires. Mon opinion personnelle est que ces 4 millions seraient bien mieux dans les caisses de la Société que là où ils sont aujourd'hui.

Par exemple, une notable partie de ces fonds a été employée à l'acquisition de l'établissement de M. Basevi. Rien que pour la cession de ses droits et de sa clientèle, la Compagnie a payé à cet entrepreneur un million et demi de francs. Je ne sais ce qu'a coûté le reste, c'est-à-dire l'achat du matériel, des ateliers, approvisionnements, etc., compris dans l'acte de cession de M. Basevi, attendu que l'affaire s'est traitée sans qu'on m'en ait prévenu : l'occasion était belle pourtant de me faire exercer mes fonctions de contrôleur, car ma position bien connue dans le pays, où j'exerçais depuis vingt-huit ans, me mettait à même, plus que tout autre, de connaître le fort et le faible d'une transaction de ce genre. Aussi se garda-t-on bien de me demander mon avis (1). Je vais donc donner — au public cette fois, — mon opinion telle que je l'aurais présentée aux administrateurs de l'Agricole, s'ils n'eûssent fait leur coup en cachette de ma surveillance.

En thèse générale, et malgré la bonne opinion que pouvaient avoir les administrateurs des opérations nouvelles qu'ils comptaient entreprendre, ils ne firent point acte de prudence en disposant d'une portion aussi considérable du capital social. Les administrateurs d'une compagnie anonyme sont, en leur qualité de tuteurs, tenus à une grande réserve lorsqu'il s'agit de la fortune des actionnaires, leurs pupilles. Et dans l'espèce ils me semblent d'autant moins excusables que la transaction Basevi absorbait non-seulement le plus clair de l'actif disponible, mais encore, ainsi que l'avait dit le président, nécessitait de nouvelles ressources pour arriver aux splendides résultats qu'on en attendait.

D'un autre côté, il convient de ramener è leur juste valeur les résultats en question. M. Basevi avait cédé à la Campagnie agricole diverses entreprises, d'un prix considérable et qui devaient, à son dire, lui rapporter 20 p. 100, — pour la somme une fois donnée de 1 500 000 fr. De bonne foi, on ne fera jamais croire à des hommes sérieux des plaisanteries de cette force ! Sans posséder absolument

---

(1) Je n'ai point à faire de modestie quand il s'agit d'affaires aussi graves. Sans vouloir rappeler ici les louangeuses épithètes dont j'ai été l'objet en plein conseil de la part des administrateurs de l'Agricole, je dois déclarer que lorsqu'il s'agissait d'affaires personnelles relatives à des constructions ou entreprises quelconques, ces mêmes administrateurs ne manquaient jamais de faire amicalement appel à mes connaissances spéciales.

la science nécessaire à un ingénieur, M. Basevi est un homme intelligent, d'une activité rare et d'une certaine habileté : il jouit en plus de la faveur du vice-roi. Et on vient de dire qu'un pareil homme a cédé pour 40 millions environ de travaux en cours d'exécution, sur lesquels il comptait gagner 20 p. 100, soit 8 millions; plus 20 millions de travaux à l'étude qui devaient, au pis aller, lui rapporter 2 p. 100, ou 400 000 fr., ensemble 8 400 000 francs pour *un million et demi*? (Sans compter que M. Basevi perdait du même coup son indépendance, et se trouvait sous la férule d'un conseil d'administration qui ne savait pas le premier mot de la science des constructions.) Les actionnaires sont trop souvent crédules, mais pas à ce point pourtant! Si donc certains administrateurs n'avaient pas tenu expressément à ce que l'affaire fût traitée dans le plus grand secret, il eût été facile de ramener d'abord à sa juste valeur l'assurance verbalement donnée par M. Basevi, des 20 p. 100 de bénéfices sur les affaires par lui cédées à la Compagnie; résultat qu'eût amené un examen, même sommaire, de ses devis.

Puis le bon sens le plus élémentaire démontre que si un entrepreneur indépendant, libre de ses actions, peut faire produire 20 p. 100 de bénéfices à ses entreprises, ce même résultat ne saurait être obtenu par une Société dirigée par un comité de direction et un conseil d'administration, obligée de justifier de tous ses actes à ses actionnaires, et privée par cela même, de la liberté d'allures d'un particulier qui ne doit de comptes à personne. Il convient donc d'en rabattre beaucoup sur les prétendus bénéfices.

S'agit-il de la sécurité que présentait, pour l'Agricole, cette nouvelle branche d'opérations? Eh! mon Dieu! les administrateurs devaient bien savoir à quoi s'en tenir sur les promesses vice-royales. Mais en admettant même que par hasard le pacha fût de bonne foi, et qu'il fût décidé réellement à accorder à la Société, reconstituée comme on l'a vu, sa protection particulière, sa faveur, un monopole, ce qui est contraire aux principes les plus élémentaires d'administration publique; en admettant tout cela, quelle était la garantie du conseil d'administration?

Le vice-roi peut promettre tout ce qu'il voudra, excepté de vivre encore vingt-cinq ans, c'est-à-dire tant que durera la Société, et rien ne prouve que son successeur suivra exactement la même ligne de conduite (1). Qu'un autre prince monte sur le trône d'Égypte, sait-on s'il ne donnera pas dans les absurdes utopies qui ont fait tant de chemin en Europe? A l'exemple des souverains des grandes Puissances, il croira peut-être : que l'intérêt privé est le meilleur garant de la fortune publique; que la libre concurrence est la loi théorique de l'industrie moderne; qu'elle seule peut produire des bénéfices et empêcher la fraude, et tant d'autres inepties qu'Ismaïl-Pacha estime à leur juste valeur! Qui sait? Peut-être même pensera-t-il que sanctionner les faveurs, la protection, les privilèges promis verbalement par son prédécesseur, ce serait aller contre sa conscience et ses idées de justice, nuire aux intérêts publics et privés, et même violer l'esprit des traités internationaux qui proscrivent toute espèce de monopole.

Donc la parole vice-royale, toute sacrée qu'elle fût,

---

(1) Il existe malheureusement trop de faits à l'appui de cette supposition. Ainsi, Ismaïl-Pacha a adopté comme principe de ne remplir aucune des promesses verbales de son prédécesseur, Saïd-Pacha, de regrettable mémoire. C'est là un fait de notoriété publique.

n'offrait aucune sécurité pour l'avenir. D'ailleurs, en entreprenant les travaux de construction publique, le conseil engageait la Compagnie dans des opérations pleines de difficultés et de complications hasardeuses, de durée incertaine, et qui pouvaient, par leur nature essentiellement aléatoire, entrainer d'un jour à l'autre la ruine de la société.

Nous voilà bien loin, n'est-ce pas, du but que je m'étais proposé, lors de la fondation de la Société agricole et industrielle d'Egypte, qui devait, grâce aux irrigations, travaux faciles et lucratifs, répandre le bien-être dans le pays et faire la fortune des actionnaires?

Hélas! je fus forcé de garder pour moi toutes ces réflections et nombre d'autres qu'on ne me fit pas l'honneur de me demander. Incontestablement les membres du conseil d'administration pensaient comme moi, car ces choses-là tombent sous le sens commun;... ce qui ne les empêcha pas d'acquérir l'établissement de M. Basevi.

Mais, demandera le lecteur, qui les forçait à conclure une affaire désavantageuse? A cela je ne répondrai rien. Je cite des faits, mais ne veux médire personne.

Il nous reste, d'ailleurs, à examiner une question bien autrement importante : je veux parler de la modification des statuts proposés par le président M. Dervieu, dans la séance du 20 mars dernier, et qui fut sanctionnée par l'assemblée générale des actionnaires, le 27 avril suivant. Comme la présente notice n'est point un mémoire d'avocat, je ne relèverai pas une illégalité flagrante, celle d'une assemblée générale d'actionnaires modifiant des statuts primitifs, qui par leur teneur même, spécifient que les décisions de l'assemblée générale n'auront de valeur que *dans les limites des statuts*. Peut-être cette question va-t-elle être traitée judiciairement, auquel cas les tribunaux prononceront. Mais laissons cela de côté, et contentons-nous de signaler les modifications apportées dans la constitution même de la société par la rédaction des nouveaux statuts. Si le lecteur veut se rappeler que l'ordonnance ministérielle autorisant l'Agricole, lui enjoignait, avec menaces, de ne point sortir de la limite de ses statuts, ces contradictions flagrantes lui donneront une idée exacte de la confiance que peuvent inspirer aux résidants les ordres émanés de S. A. le vice-roi d'Egypte.

LES STATUTS PRIMITIFS S'EXPRIMENT AINSI :	ET VOICI CE QU'ON TROUVE DANS LES NOUVEAUX STATUTS :
ART. 3. « La société sera placée tant pour l'interprétation et l'exécution de ses statuts que pour ses contrats avec le public, sous la juridiction exclusive des tribunaux égyptiens, le degré d'appel y compris. »	ART. 3. « La société sera placée tant pour l'interprétation et l'exécution de ses statuts que pour ses contrats avec le public, *ainsi que pour toutes les difficultés généralement quelconques, LORS MÊME QUE LE GOUVERNEMENT Y SERAIT INTÉRESSÉ,* sous la juridiction exclusive des tribunaux égyptiens, le degré d'appel *à Constantinople* compris, *le tout en dehors de toute intervention des chancelleries étrangères.* »

Avant tout, il n'est pas indifférent de faire remarquer au lecteur que cette modification dont nous allons indiquer l'importance, NE FIGURE NI DANS LE RAPPORT DU PRÉSIDENT, NI DANS LE PROCÈS-VERBAL IMPRIMÉ DE L'ASSEMBLÉE GÉNÉRALE DES ACTIONNAIRES. Les administrateurs n'ont-ils pas osé soumettre aux actionnaires un changement aussi radical, craignant sans doute un refus, et ont-ils pris sous leur bonnet le droit de l'insérer dans les nouvaux statuts, comptant que personne des intéressés ne se rappellerait exactement les décisions de l'assemblée ? c'est ce qu'il ne m'appartient pas de discuter. Mais le fait existe. Je laisse au lecteur le soin de donner à ce genre d'*intercalations* le nom qu'il mérite ; encore une fois je ne veux pas soulever de question judiciaire. Ce qui m'occupe ce sont les modifications, — légales ou non, — apportées aux nouveaux statuts : continuons donc les confrontations.

ANCIENS STATUTS.	NOUVEAUX STATUTS.
Art. 5. « La société a pour but la « vente aux propriétaires *de machines* « *hydrauliques* PERFECTIONNÉES DESTI- « NÉS À L'IRRIGATION DES TERRES, *leur* « *installation et leur entretien* de « concert avec les propriétaires qui « devront, pour l'installation de ces « machines, se conformer aux lois « et règlements du pays. »	Art. 5. « La vente au public de « machines à vapeur et autres de « toute nature et leur installation, « en se conformant aux lois et règle- « ments du pays. »

Pour ne pas donner trop de développement à cette notice, bornons-nous à dire quelques mots sur ces deux modifications. Si la première a singulièrement augmenté le texte primitif, la seconde, en revanche, a supprimé quelques mots importants. Peut-être y a-t-il compensation : jugez plutôt.

D'abord l'intention du vice-roi est manifeste de s'ingérer dans les affaires de la Société; mieux que cela, de la diriger d'une façon absolue (article 3 des nouveaux statuts). Il veut (ou certains administrateurs veulent pour lui, ce qui est tout un) que les contestations soient jugées par les tribunaux Égyptiens, même lorsque le vice-roi est en cause. Autant dire qu'il sera juge et partie, car le tribunal local se garderait bien de n'être pas de l'avis du vice-roi. Je ne parlerai pas du dégré d'appel à Constantinople, quoique je respecte infiniment la justice du Sultan. (D'ailleurs la première plainte à déposer aux pieds de Sa Hautesse ne devrait-elle pas être dirigée contre S. A. Ismaïl pacha, gouverneur de l'Egypte, qui, ne s'étant pas conformé aux prescriptions du Tanzimat, doit être *puni* ainsi que le porte formellement l'ordonnance?) Ce qui m'épouvante ce sont les mots, *en dehors de toute interven tion des Chancelleries-étrangères.* Ce déni d'intervention n'a rien de flatteur pour les juridictions européennes; je me trompe, c'est leur plus bel éloge ; c'est en même temps un argument de plus en faveur du maintien des *capitulations* qui veulent que les consuls européens aient droit d'immixtion, lorsqu'un de leurs nationaux est en cause. Les actionnaires l'entendaient bien ainsi, quand ils apportèrent leur argent pour fonder l'Agricole. Pour mon compte, je n'aurais jamais osé faire appel aux capitaux européens, si je n'avais su qu'il existe pour nous, en cas de procès, le droit suprême de se faire assister, et défendre au besoin, par les représentants de la mère-patrie.

Décidément les Puissances font bien de ne pas modifier les capitulations qui réglementent la position des Européens résidant en Orient !

Je n'insisterai pas sur la modification de l'article 5, dont j'ai déjà fait ressortir les résultats. Une remarque curieuse pourtant : dans le nouvel état des choses, non-seulement le conseil d'administration a prouvé son intention de ne plus s'occuper de l'irrigation des terres (ce qui était le but principal de la société); mais encore le voulût-il, il ne pourrait pas, attendu qu'il est interdit à la Société par la dépêche ministérielle dont on a parlé, de rien faire en dehors de ses statuts; et que les statuts nouveaux sont muets à l'endroit des irrigations.

Je me résume.

En somme, quelle a été l'idée du vice-roi en paralysant les opérations de la Société agricole? Il me semble, cher lecteur, que vous le savez aussi bien que moi maintenant, et que je n'ai plus besoin de revenir là-dessus.

Quant aux résultats que devait produire la Compagnie telle que je l'avais organisée à son début, quelques considérations économiques les feront apprécier.

Les procédés mécaniques d'irrigation, sagement appliqués, pouvaient réaliser, — j'en fournirai la preuve au besoin, — une diminution annuelle de plus de 150 millions de francs sur les frais que nécessitent les 4 millions de feddans actuellement cultivés en Égypte. Du même coup on économisait les bras de deux cent mille indigènes qu'exige le fonctionnement des machines trop primitives, aujourd'hui en usage dans le pays. Or, comme la superficie de l'Égypte, comparée à sa population, donne une proportion d'au moins trois feddans par cultivateur (soit 1. 26 hectare) ces deux cent mille fellahs eussent pu cultiver un minimum de 600 000 feddans (car la terre ne manque pas), ce qui, en moyenne, eût produit une augmentation de richesse de 60 millions par an.

Les administrateurs de l'Agricole, ces personnages si influents, connaissaient ces résultats, car je les leur avais maintes fois démontrés. Ils pouvaient donc faire ressortir auprès de Son Altesse les avantages qui devaient résulter, pour le pays, du nouveau système d'irrigations, et cela à une époque où l'épizootie avait enlevé les bêtes de somme; ils pouvaient insister encore sur la nécessité de faire progresser l'agriculture en Égypte, pour le présent et pour l'avenir, en introduisant des machines économiques destinées à remplacer des appareils rudimentaires et très-coûteux; ils pouvaient également prouver que la Société agricole, en faisant la fortune du pays, augmentait la richesse du Pacha, — si tant il y a que S. A. Ismaïl pacha soit accessible aux questions d'intérêt personnel. Que ne pouvaient-ils pas ? que ne devaient-ils pas surtout ?

Et voilà ce qu'ils ont fait de la Société agricole !

Quel sera l'avenir de la Compagnie telle qu'elle a été bouleversée ? Au lieu de faire des irrigations, elle veut entreprendre des constructions. Bonne chance à la direction nouvelle ! Il est question, dit-on, d'appeler un nouveau cinquième du capital social. Dieu veuille que ce ne soit pas pour faire quelque acquisition du genre de l'Établissement Basevi. ! Dieu veuille aussi que le prochain appel de fonds ne discrédite pas trop la Société ; car, je l'avoue, je possède encore quelques centaines d'actions, et si je trouvais à les vendre au pair, je m'en débarrasserais avec un indicible plaisir !

Paris. — Typ. Gaittel, rue du Jardinet, 1.

117

Imprimé en France
FROC031645231120
25769FR00009B/56